云计算·大数据·人工智能

# Text Data Mining

# 文本数据挖掘

## 基于R语言

黄天元 / 编著

U0209357

机械工业出版社
CHINA MACHINE PRESS

文本是一种特殊的非结构化数据，在当今的大数据时代，其价值日趋凸显。本书利用开源而强大的 R 软件，对文本数据挖掘的概念、技术及技巧进行了系统的介绍。本书共 11 章，内容包括：走进文本数据挖掘，R 语言快速入门，字符串的基本处理，用好正则表达式，导入各类文本数据，对各类文本数据进行预处理，文本特征提取的 4 种方法，基于机器学习的文本分类方法，文本情感分析，文本可视化，文本数据挖掘项目实践。本书还提供了丰富的应用案例和程序源代码引导读者高效学习。

本书适合对文本数据挖掘感兴趣的学生、科研人员和数据科学从业者阅读。同时，本书还可以作为工具书，为需要经常进行文本数据挖掘的读者提供快速检索。

## 图书在版编目（CIP）数据

文本数据挖掘：基于 R 语言 / 黄天元编著. —北京：机械工业出版社，2021.4
ISBN 978-7-111-67750-5

Ⅰ. ①文… Ⅱ. ①黄… Ⅲ. ①数据处理 ②程序语言-程序设计
Ⅳ. ①TP274 ②TP312

中国版本图书馆 CIP 数据核字（2021）第 043929 号

机械工业出版社（北京市百万庄大街 22 号 邮政编码 100037）
策划编辑：王 斌 责任编辑：王 斌
责任校对：张艳霞 责任印制：张 博
三河市宏达印刷有限公司印刷
2021 年 4 月第 1 版·第 1 次印刷
184mm×240mm·12.5 印张·303 千字
0001－2000 册
标准书号：ISBN 978-7-111-67750-5
定价：89.00 元

电话服务 网络服务

客服电话：010-88361066 机 工 官 网：www.cmpbook.com
010-88379833 机 工 官 博：weibo.com/cmp1952
010-68326294 金 书 网：www.golden-book.com
**封底无防伪标均为盗版** 机工教育服务网：www.cmpedu.com

# 前言

文本作为重要的非结构化数据之一，其相关方面的数据挖掘在医疗健康、市场营销、电商媒体、数字人文等各种场景中都有重要的应用。例如，对电子病历的规范化文本数据进行提取，可以量化病人的诊断结果，提出合理建议；在点评类平台中对消费者的评论进行关键词提取，可以对店家的服务进行评估；在公共社交平台上对某一个话题的文本进行提取和情感量化，可以获知大众对某一个话题的看法，把握相关舆情。这些应用都有着巨大的价值提升潜力，而要发掘这些潜力则需要掌握体系化的文本数据挖掘方法。

对于文本数据挖掘工具而言，除了基于图形交互界面的软件（如 Tableau）外，还有基于命令行的通用开源软件，如 R 和 Python。虽然利用 Python 来做自然语言处理和文本数据分析的资料非常多，但是随着文本数据挖掘日渐普及，各行各业的科研人员和从业者都需要发掘文本的价值，并希望快速习得一些实用的工具来对文本进行分析。Python 需要初学者具备更多的计算机编程知识，才能发挥其效力；而 R 语言作为一个面向统计和可视化的开源工具，逐渐受到更多来自工业界和科研界的认可。R 语言的开发者在设计工具的时候通常认为用户也没有太多的计算机编程基础，所以在各种软件包中通过提供"傻瓜式"的函数操作，让使用者仅仅通过复制粘贴较少的代码，就能够直接对自己的数据进行复杂的数据操作与分析，这是 R 语言的一大特点。

本书立足于 R 语言在文本数据挖掘领域的发展前沿，对文本数据挖掘的基本概念和实现方法进行了系统介绍，并利用大量实际案例和通用代码来引导读者进行实践和思考。通过阅读本书，读者可以循序渐进地掌握文本数据挖掘中的各种概念、方法和工具，完成日常学习和工作中的文本分析任务。

## 本书内容

第 1 章，走进文本数据挖掘。对文本数据挖掘进行了综合的介绍，内容包括什么是文本数据挖掘、为什么要进行文本数据挖掘和文本数据挖掘的基本框架，并对文本数据挖掘的常用软件工具进行了概述。

第 2 章，文本数据挖掘利器——R 语言。向初学者介绍 R 语言的基本使用方法，包括软件的安装、环境的配置、数据结构与类型、编程基础和数据操作方法。

第 3 章，从基础做起 1——字符串的基本处理。主要利用 stringr 包作为工具，讲述各式各样的字符串操作及其在 R 中的实现方法。

第 4 章，从基础做起 2——用好正则表达式。介绍了正则表达式的基本概念，包括通配符、简写字符集和反向引用等，并结合实例引导读者进行实践。

第 5 章，步入正题——导入各类文本数据。介绍了如何把本地各种格式的文本数据导入到 R 环境中，并讲述了如何进行编码格式的识别和文本数据结构的转化。

第 6 章，更进一步——对各类文本数据进行预处理。针对文本数据清洗这一主题，对文本切分、去除停用词、词干提取、词性标注等预处理任务进行了介绍。

第 7 章，上手文本数据挖掘——文本特征提取的 4 种方法。主要介绍了文本特征提取的方法，包括 TF-IDF 特征提取、各种词嵌入的方法以及文档向量化。

第 8 章，文本分类——基于机器学习的方法。从无监督和有监督两个方面，介绍了文本数据分类的基本方法，并给出相关的实践代码。

第 9 章，深入理解文本内涵——文本情感分析。分别对如何进行英文情感分析和中文情感分析进行了介绍，并给出通用案例和系统实现过程。

第 10 章，文本数据的直观表达——文本可视化。聚焦于文本可视化，介绍了如何利用文本信息绘制条形图、克利夫兰点图、矩形树状图、词云图、词汇位置分布图、网络图等。

第 11 章，举一反三——文本数据挖掘项目实践。利用 3 个典型的文本分析案例，来引导读者对情感分析、文本分类和关键词提取进行学习和实践。

## 本书特点

- 深入浅出，简单易学：本书不需要读者具有文本挖掘或 R 语言的基础知识，循序渐进地带领读者掌握文本数据挖掘中的各种知识以及文本分析在 R 语言中的实现方法。
- 代码丰富，实践性强：本书几乎在所有文本分析任务中都提供了简洁可行的 R 语言实现代码，读者可以通过实践来体会每一步文本挖掘操作。通过反复练习，可以习得其中的技巧，并运用在自己的文本数据挖掘任务中。
- 体系完备，系统性强：本书介绍了文本数据挖掘基本任务的方方面面，从文本数据的导入和预处理到分析、建模和可视化。有利于读者对整体知识结构的把握，从而在解决文本数据挖掘问题的时候具有更加全面而细致的考虑。
- 内容新颖，紧跟前沿：文本数据挖掘作为经典的知识体系不会过时，但是软件工具却在一直在更新迭代。本书参考了大量近 3 年内的 R 软件包及其帮助文档，紧跟技术发展潮流，让读者能够习得较为先进的实现技术，提高编写代码的效率。

## 适用对象

本书适合需要对文本数据挖掘进行了解和运用的在校大学生、科研人员和数据分析从业者，尤其适合初学者入门，同时能够为来自各行各业（新闻媒体、人文社科、医疗健康、生物医药、环境生态、市场营销等）对文本数据分析感兴趣的广大读者提供技术参考。

## 本书作者

本书在编写过程中参考了国内外大量的文本挖掘与 R 语言实现的相关资料。本书的完成首先要感谢 R 语言开源社区，他们不知疲倦的努力和无私的分享让 R 语言在文本数据挖掘中越发强大。同时，需要对复旦大学图书馆情报研究部进行致谢，我在这里担任助管期间得到了很多锻炼和启示。还要感谢谢琳老师、赵斌教授和中国科学院文献情报中心科学计量小组在本书编写期间对我的支持。感谢机械工业出版社各位编辑专业的工作。最后，感谢我的父母，无论在任何时候都给予我无私的爱。

由于作者水平有限，书中难免出现错误和不足之处，敬请广大读者批评指正。希望本书能够让各位读者从零到一、从无到有地获知文本数据挖掘的基本概念，并习得利用 R 语言进行文本数据挖掘的技术技巧。

黄天元

# 目录

**本章概述:**

语言的形成,是人类文明进步的一大里程碑,它让知识经验和思想感情的交流成为可能。但是口口相传的信息是低效的,因此人们把语言转化成文字,并在石头、竹签、纸张等各种载体上记录下来,从而实现知识的传承。在信息时代,随着计算机技术的进步,文本信息体量呈现大爆炸的趋势。这些文本既可能包含着客观的知识经验,又或带有民众对一个事物的观点看法。如果能够对这些信息进行提炼,进行总结归纳和推理,其获得的成果无论对于商业活动、学术研究或更多更广阔的领域,都具有宝贵的参考价值。由于文本属于非结构化数据,对海量文本进行定量和定性的挖掘对于数据科学家来说是一项富有挑战性的任务。要去尝试完成这个任务,首先要对这个任务有一个清晰的认识。本章将会针对文本数据挖掘的基本概念进行介绍,试图解析什么是文本数据挖掘,为什么要进行挖掘,并对如何进行文本挖掘进行探讨。

## 1.1 什么是文本数据挖掘

文本挖掘(Text Mining),常又称为文本数据挖掘(Text Data Mining)、文本分析(Text Analytics),是指通过计算机技术自动化地从书面材料中提取信息,从而回答特定领域内提出的问题。这里所讲的书面材料,既可以来自于传统媒体,如报纸、书籍、杂志;也可以来源于新兴媒体,如电子邮件、网页、电子报告。究其根本,就是要从海量非结构化的文本数据中提取高质量有价值的信息。这个过程需要借助很多手段,包括模式识别、趋势分析、统计汇总等。常见的文本数据挖掘任务包括文本分类、文本聚类、命名实体识别、文本摘要、情感分析等,这些任务的解决往往需要使用各种自然语言处理技术和机器学习方法。一个典型的文本数据挖掘框架中,需要针对研究问题对输入的文本进行清洗,并整理成结构化的数据格式(通过定向提取、去除噪声等方法),然后根据需求进行分析与可视化,最后对输出结果进行解读和评估,得到具有指导意义的结论。

## 1.2    为什么要做文本数据挖掘

要探究文本数据挖掘的意义，可以从两个视角出发，即驱动因素和其必要性。从驱动因素来说，人们想要对文本进行挖掘，是因为文本中蕴含着价值，能够解决很多业务问题。对于科学家来说，社会科学家想要通过对社交媒体文本进行挖掘，从而掌握舆情的走向；金融分析师会对股民的评论进行情感分析，从而获知民众对市场行情的期望；电商平台要对用户的评价反馈进行文本数据挖掘，从而不断改进其服务。文本数据挖掘能够帮助科研人员和行业从业者从另一个侧面来提炼信息，并总结成知识经验，进而为科学研究或商业增值提供有指导意义的结论。

从必要性上讲，在纸媒为主的时代，文本数据挖掘并没有那么盛行。一方面，当时的信息量级不大，某些分析甚至不如人直接阅读然后进行解读来得便捷；另一方面，因为计算机技术不够发达，技术体系也不够完善，因此也难以获得正确有效的洞见。但是随着信息时代的到来，海量的文本数据涌入人们的生活中。与图像和音频不同，文本是一种静态抽象的语言表达形式，所占内存相对较少而信息量往往更加丰富而准确，能比较直接地完成信息的交流。单一文本的分析，其实不如直接阅读然后解读来得实在。但是在大数据时代，纷繁复杂的文本信息多得让人窒息。单以生态学学科的科学文献数量来讲，根据 Web of Science 数据库的统计，在 1969—1978 年生态学主题下共发文 217488 篇，而在 1979—1988、1989—1998、1999—2008 和 2009—2018 阶段分别发文 421106、728660、1184689 和 2184734 篇，阶段性发文总量几乎每隔十年就翻一番。而在学术领域之外的社交媒体中，全民分享的时代下哪怕在一个相对狭窄的主题下都能找到上百篇甚至上千篇博客、帖子等各式各样的文字材料，这在以前是难以想象的。如此庞大的文本数据中，综合了来自各行各业科研人员和从业者的认知和经验，往往蕴含着巨大的价值，但是也给数据科学家提出了挑战。为此，数据科学家开始构建完善的文本数据挖掘体系，对这些非结构化的数据进行清洗、整理、检索、提取、分析、建模、可视化等一列处理，最后形成了一个个特定的方法体系。

综上所述，之所以要做文本数据挖掘，从驱动因素来说是因为文本中包含着价值，海量文本能够综合大量科研人员或民众的思想、经验，如果可以发掘出来，有助于提高人们对人类社会和客观世界的认知。而从必要性角度，因为数据量太大，数据结构复杂，因此必须在方法学上予以足够的重视，最终实现智能系统来对文本进行自动化处理。

## 1.3    如何进行文本数据挖掘

### 1.3.1    文本数据挖掘的流程

对于不同的文本数据挖掘任务，其工作流程往往有所区别，但是其总体架构却是统一的。图 1.1 提供了一个文本数据挖掘的流程。每一个文本数据挖掘任务的开启，都应该从对业务问题的理解出发。这一步往往需要数据科学家通过调研获得第一手的资料，从问题的本身进行理解和推理，进而问出一个好的问题，来为科学探索或商业活动增值。

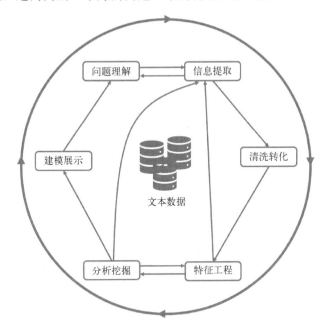

图 1.1 文本数据挖掘的流程

　　在提出问题之后，根据定义问题，我们要提取目标文本数据。在数据科学工作流中，越是上游的任务就越是重要，它决定了后续工作流可达效果的上限。因此，第二步中的信息提取在整个工作流中的重要性仅次于问题的提出。在这个过程中，我们需要知道针对目标问题应该提取什么数据，而且需要用正确的手段来获得它们，并保证其数据质量。比如，医院会采集病人的电子病历信息用来做后续诊断的参考。但是不同医生的习惯不一样，用语规范也难以统一，这就给后续的文本数据挖掘带来挑战。为了能够更好地协助后续的文本数据挖掘，就应该制定规范并在医院内统一起来。提取了文本信息之后，这些数据往往处于非结构化的状态，不能够被直接使用。在这样的情况下，就需要对数据进行清洗和转化。典型的清洗任务包括去除标点、词义消歧、统一大小写等。这些工作非常烦琐，但是对后期的分析有着举足轻重的作用。数据清洗转化后，数据科学家往往还需要进一步对数据做特征工程，这样才能够对数据进行提炼。例如我们需要做的是情感分析，那么就需要对文本中的情感词进行提取，而其他词就可以排除在外。利用情感词典来提取情感词的过程，就属于特征工程的一部分。除了情感特征以外，有的时候我们只关心某一些关键词出现的位置和频次，那么我们就可以针对这些关键词进行定位定量分析。这些特征工程可以起到删繁就简、去粗取精的作用，能够极大地提高文本数据挖掘的效率。紧接着特征工程之后，就是分析挖掘的过程。这个过程中，数据科学家需要利用各种统计建模方法和机器学习手段来对数据进行深度挖掘，然后对得到的结果进行解读。这一步有时候可以一步到位（如汇总计数），有时候则需要尝试不同的方法（如多模型比较），对于特定的方法还要设置不同的参数进行调试，来看是否能够得到最佳的效果。在最后，我们需要把获得的结果通过一定的手段展示出来。这一步中，往往需要撰写一些总结性问题，并绘制图表来向其他人表达自己的成果。通常推荐使用可视化的方法，这样能够比较直观地与行内行外的人进行交流。同时，需要多举例子，多讲故事，这样才能让不了解数据的决策者能够正确认识问题。整个文本数据挖掘工作流并不是一个单向不可逆的流程，而是一个逐渐迭代的闭环。例如在最开始阶段，对问题的理解决定了要去提取什么信息，但是在信息提取的过程中可能会发现更多有价值的问题，反向引导问题的提出，进一步完善解决问题的框架。又例如，在分析挖掘的过程中，发现提取的现有特征不足以建立完善的模型，因此要重新对特征进行提取。只有反复迭代，才能够让每一个步骤都趋于完善，最终解决好初始提出的问题。

## 1.3.2 文本数据挖掘的基本任务及方法

文本数据挖掘的技术非常多，要全面深入掌握各种技术是难以实现的。因此，在开展文本数据挖掘的时候，需要对文本分析任务有准确的把握和了解，这样才能在实践和学习中有的放矢，有针对性地对技术加以选择。下面，就对常见的文本数据挖掘任务进行介绍。

- 信息抽取：从文本语料库中对目标数据进行辨识并提取的过程称为信息抽取。这个过程从自然语言文本中对指定类型的实体、关系、事件等信息进行抽取，常见的应用包括命名实体识别、关系抽取等。例如有的分析需要从简历中提取求职者的电话号码和电子邮箱地址，因此需要利用正则表达式进行匹配，然后提取。例如，需要研究消费者对不同旅游地点的评价，那么就需要从评价中对旅游景点的文本进行识别和抽取，然后再分析其评价。

- 消除歧义：无论是中文文本还是英文文本，都存在一词多义或多词一义的情况，如何对这些词语进行有效的辨识，是文本处理中重要的课题，这就是清除歧义。一种简单的方法就是比较文本相似度。例如英文"time series"和"time series analysis"作为字符串具有很高的相似度，可以认为它们在描述同一个主题，因此应该进行归并。例如，"culture"这个词在人文科学中是"文化"的意思，但是在生物学中则往往表达为"培养"（如细胞培养，其英文为 cell culture）。

- 词嵌入：自然语言处理中把文本单元映射到连续向量空间的过程称为词嵌入，这一过程能够对非结构化数据进行降维，以便于特征的学习和后续模型的构建。常用的词嵌入方法包括人工神经网络、概率模型等，往往需要高性能计算设备做支持。

- 文本分类：文本分类是利用计算机按照一定的规则对文本单元进行自动归类的过程。这个过程往往需要对大量的带标签的训练样本，对其文本特征进行抽取，并利用这些特征进行学习，构建关系模型来对新的样本进行自动区分。这不仅需要基于知识经验来构建文本特征，还需要统计方法和机器学习技术的辅助。

- 情感分析：情感分析是利用自然语言处理、数据挖掘等技术对文本材料的主观信息进行定性和定量化分析的过程。一个简单的例子就是对文本的两极情绪进行判断，如"我很高兴"可以识别为积极情绪，"我很悲伤"被识别为消极情绪。更进一步，还可以对这些情绪进行定量化打分。例如"我的情绪糟糕透了"的分数可能为-3，而"我很悲伤"则为"-1"，这种方法能够更加准确地对文本的情绪进行辨识，在舆情分析中非常有用。

- 文本可视化：可视化是对信息进行抽象，然后利用计算机图形展示的技术手段。常言道，"一图胜千言"，而对于文本数据也是如此。文本作为非结构化的数据，其对应的可视化技术还在迅速的发展中。常见的文本可视化方法包括词云、词频条形图、目标词出现位置可视化等。

## 1.4 文本数据挖掘软件工具概览

能够完成文本数据挖掘任务的计算机软件非常多，包括 R、Python、SPSS、SAS、WordStat 等。软件可以分为专用软件和开源软件两种，其中前者大多是商业集团以盈利为目的开发、维护并进行销售的专用软件，而后者则是被授权可以自由使用、赋值和修改的计算机软件，常由开源社区自发维护。专用软件往往需要用户为其服务付费，因此软件的可获得性较弱，相对来说不利于更广泛的群体进行开放交流与再创造，而开源软件则相反，不仅应用广泛而且利于交流。下面，对常用的开源文本数据挖掘工具进行简要介绍。

- carrot2：一个开源的搜索结果聚类引擎，它可以自动将文档归为不同的主题类别。该工具支撑了大量科学研究，早在 2004 年就获得 EASA（European Academic Software Awar）竞赛中获奖，并为 eTools.ch、JobVille 等多个搜索引擎提供技术支持，其相关信息可参考 https://project.carrot2.org/。
- GATE：一个用于开发和部署处理自然语言的软件架构。它可以用于涉及人类自然语言的各类计算任务。GATE 擅长处理不同大小和形式的文本，因此用户社区也非常多样化，相关信息可参考 https://gate.ac.uk/。
- OpenNLP：Apache OpenNLP 库是基于机器学习的工具箱，专门用于处理自然语言文本，具有分词、打标签、命名实体识别在内的各类 NLP 功能，由志愿者开发并维护，相关信息可参考 http://opennlp.apache.org/。
- Voyant Tools：一个基于 Web 的文本阅读和分析环境。这是一个学术项目，旨在促进数字人文学科的学生和学者以及广大公众的阅读和口译实践。它能够协助教学人员来教授如何利用计算机辅助科学研究，同时可以对来源网络的文本进行分析研究。其应用接口为 https://voyant-tools.org/，相关使用文档可参考 https://voyant-tools.org/docs/#!/guide/about。
- KH Coder：用于定量内容分析或文本数据挖掘的免费软件，常用于计算语言学。支持的分析语种包括加泰罗尼亚语、中文（简体）、荷兰语、英语、法语、德语、意大利语、日语、韩语、葡萄牙语、俄语、斯洛文尼亚语和西班牙语文本，相关使用文档可参考 http://khcoder.net/en/。
- Python：一种广泛使用的解释型、高级、通用型编程语言，可在几乎所有操作系统上运行。其功能强大而丰富，尤其擅长于机器学习、特别是深度学习领域。Python 的相关技术文档可参考 https://www.python.org/。

- R：用于统计计算和图形的免费软件环境，它可以在各种 UNIX 平台、Windows 和 mac OS 上编译并运行。R 的语法灵活而自由，功能广泛而强大，是数据科学中通用的语言环境，尤其擅长探索性数据分析和数据可视化，相关信息可参考 https://www.r-project.org/。

以上所介绍的工具中，R 与 Python 由于用户群体广泛，涉及功能具有重叠部分，经常被同时列出并进行比较。Python 的用户群体一般都具有计算机科学的背景，因此其社区开发的核心群体由计算机科学家构成，对文本数据挖掘工具的开发往往是从底层进行思考的，如计算性能、与硬件的关联等，比较有名的自然语言处理工具包括 spaCy、NLTK 等。而 R 语言的社区则以统计学家为主，开发人员的背景则往往更加丰富，包括生物学、心理学以及很多人文学科的开发者，因此开发会更加偏好任务导向。R 中较为流行的工具包括 quanteda、tidytext 等，相关的内容可以参考 CRAN 官方网站的介绍 https://cran.r-project.org/web/views/NaturalLanguageProcessing.html。从任务完成的角度而言，两种语言并没有太大的差别。但是由于两种工具具有不同的历史发展根源和社区构成特点，导致在部分资源的分布上不均衡。例如，由于词嵌入涉及计算机科学中的深度学习内容，因此 Python 的资源会更加丰富。而面向特定学科问题的文本研究工具，R 语言更为丰富。但是两种工具都在不断地发展变化中，它们互相学习、互相借鉴，在合作竞争关系中不断完善彼此。本书将会以 R 语言为例，因为 R 在近年的发展中更加注重引导初学者的入门，让来自不同层次的用户都能够从中受益。

# 第 2 章

# 文本数据挖掘利器——R 语言

**本章概述：**

能够用于文本数据挖掘的软件工具非常多，而 R 语言无疑是众多工具中的佼佼者之一。R 自诞生以来就专注于统计分析与可视化领域，语法通俗易懂，实现简单快捷，因此迅速获得了来自各行各业不同背景从业者的青睐。本章将会专注于协助 R 语言初学者快速入门，介绍最基本、最实用的知识和技巧，以期让没有太多编程经验的用户也能够迅速掌握这些基本技能。

## 2.1 开发环境配置

对于初学者而言，环境越简单就越有利于入门。如果你对 R 毫无经验，强烈建议大家就用一个 R 软件和记事本来对本章的内容进行学习即可，即可以忽略本章集成开发环境部分。但是在后期做大型项目中，以及需要经常重复使用一些脚本的时候，集成开发环境可以大大提高开发的效率，是进行高级编程便利的工具。因此，本章会对其进行最基本的介绍，以期引导大家迅速上手 R 语言友好的数据科学工作流。

### 2.1.1 下载并安装 R 软件

作为免费开源软件，R 能够在包括 Windows、Linux、mac OS X 在内的各种操作系统上安装并运行。因为 R 允许自由散布，因此在很多地方都可以下载到各个版本的 R 软件。一般来讲，推荐到官方网站进行下载，其网址为 https://www.r-project.org/。在这个网站中（图 2.1），可以选择一个离所在地接近的镜像进行下载，然后根据计算机的操作系统类型（Windows、Linux、Mac）选择安装包。下载完成后，可以根据向导的指引进行安装配置。在安装配置过程中，用户可以自行选择安装路径、是否使用语言翻译、安装 32 位还是 64 位的软件（也可以两者同时安装，一般推荐使用 64 位）。

**The R Project for Statistical Computing**

[Home]

**Download**
CRAN

**R Project**

About R
Logo
Contributors
What's New?
Reporting Bugs
Conferences
Search
Get Involved: Mailing Lists
Developer Pages
R Blog

## Getting Started

R is a free software environment for statistical computing and graphics. It compiles and runs on a wide variety of UNIX platforms, Windows and MacOS. To **download R**, please choose your preferred CRAN mirror.

If you have questions about R like how to download and install the software, or what the license terms are, please read our answers to frequently asked questions before you send an email.

## News

- **R version 4.0.2 (Taking Off Again)** has been released on 2020-06-22.
- useR! 2020 in Saint Louis has been cancelled. The European hub planned in Munich will not be an in-person conference. Both organizing committees are working on the best course of action.
- **R version 3.6.3 (Holding the Windsock)** has been released on 2020-02-29.
- You can support the R Foundation with a renewable subscription as a supporting member

图 2.1　R 的官方下载界面

### 2.1.2　包的管理

"即插即用"的包（package）是 R 软件流行的重要原因，通过制作 R 软件包，社区贡献者可以编写自己的程序并共享给广大的用户。通过使用 R 包，用户能够在不理解底层细节的情况下，依然能够实现复杂的数据科学计算和数据可视化，而有开发能力的开发者则可以通过研究源代码来进一步优化这些软件的性能，并拓展这些软件的功能。在 R 中，要安装一个包非常简单，直接使用 **install.packages** 函数即可。例如，想要安装名为"pacman"的包，可以使用如下命令：

```
install.packages("pacman")
```

包安装好之后，还不能在 R 环境中直接调用，必须使用 **library** 函数对包进行加载。

```
library(pacman)
```

在 R 中，pacman 包的 **p_load** 函数，可以同时完成上面的两个过程。也就是说，如果已经有了这个包，包会自动加载；如果还没有这个包，那么会先自动进行安装，然后再进行加载。例如我们要把 installr 包加载到环境中，可以这样操作：

```
library(pacman)
p_load(installr)
```

事实上，pacman 包还可以对 R 包进行其他管理操作，包括下载 GitHub 发布的 R 包、更新 R 包的版本、从环境中卸载包等。关于 pacman 包更多的功能，可以参考其 GitHub 主页（https://github.com/trinker/pacman）。

### 2.1.3　版本升级

R 社区是一个动态活跃的开源社区，R 软件本身会不断迭代更新，而安装的包也会不断排错和升级，因此需要定期对 R 软件及 R 包进行版本更新，才能够确保用上最新的功能。如果想查看 R 软件的版本，可以输入"version"。

```
version
##                    _
## platform          x86_64-w64-mingw32
## arch              x86_64
## os                mingw32
## system            x86_64, mingw32
## status
## major             4
## minor             0.2
## year              2020
## month             06
## day               22
## svn rev           78730
## language          R
## version.string    R version 4.0.2 (2020-06-22)
## nickname          Taking Off Again
```

如果想查看某一个包的版本号，则可以使用 **packageVersion** 函数。例如，想要查看 pacman 包的版本号时，可以进行如下操作。

```
packageVersion("pacman")
## [1] '0.5.1'
```

每次对 R 软件及其各个包的更新都要重新下载是非常麻烦的，所幸 installr 包可以把整个更新过程自动化，其操作极其简便，如下所示。

```
library(pacman)
p_load(installr)

updateR(fast = T)
```

上面这个操作会引导用户进行各种下载和安装的操作，非常便捷。如果需要更新所有 R 包的版本，让它们升级到最新版本，可以使用 **update.packages** 函数。

```
update.packages(ask = F)
```

### 2.1.4 集成开发环境

R 是一个基于命令脚本的交互式开发环境，界面极其简洁（图 2.2）。可以输入合法代码完成与计算机的"交流"，得到对应的结果。

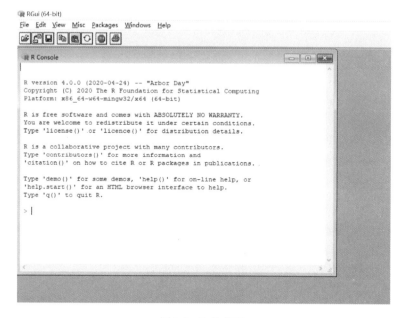

图 2.2　R 的界面

对于初学者而言，集成开发环境（Integrated Development Environment，IDE）相对没有那么重要，而是应该重视代码本身的意义与获得结果的含义。但是，在了解 R 之后，如果能够熟练掌握一款 IDE 则有利于提高工作效率。R 软件自带文本编辑器，利用一个简单的记事本（扩展名为.txt）也可以对脚本进行记录和管理，但这些功能都比较基础。目前 R 社区中最流行的 IDE 是 RStudio（https://rstudio.com/），它具有自动补全代码、识别代码语法错误并提醒、可以直接在编辑器中调入控制台运行等一系列强大功能。对于个人用户而言，可以从官方网址（https://rstudio.com/products/rstudio/download/）中下载其免费版本（RStudio Desktop）。下面，对 Rstudio 的开发界面进行简要介绍。

传统的 RStudio 界面包含 4 个模块（图 2.3）内容如下。

模块 1 是代码笔记本，可以在这个模块中记录代码和修改。在这里，可以直接对代码进行逐行运行，在编写代码的时候会进行代码自动补全，非常便捷。

模块 2 中则包含了 R 环境（Environment）中的一些信息，例如我们把对一个变量进行赋值，那么这个变量就会出现在这个环境中。同时，模块 2 中还会有其他的选项卡，例如"History"，它会记录着历史信息，即在控制台中运行的代码记录。

模块 3 就是代码运行的控制台，它相当于图 2.2 中所显示的界面，是 R 代码实际运行的地方，能够看到用户与 R 实时的交互信息。

图 2.3　Rstudio 的用户界面

模块 4 则包括文件路径信息，让用户能够在 IDE 中直接打开、保存、移动文件。同时，绘图展示（"Plots"）选项卡、帮助文档（"Help"）选项卡也在模块 4 中，用户在 R 中生成的图可以在 "Plots" 中进行查看，还能够随时观看之前生成的图片，并进行复制或导出。而 "Help" 则提供了便捷的帮助文档界面，用户可以直接在这个界面输入不熟悉的函数名称，从而查阅其文档；而在控制台输入以问号开头的帮助语句（如 "?mean"）也会直接导向这个帮助显示界面。

此外，在 4 个模块之上，还包含了快捷工具栏，这里面包含了新建、打开、保存、改变布局、加入插件等功能，以提高用户的工作效率。而最顶上的基础工具栏，则可以对 IDE 进行更多样的设置，如 "Tools" 选项卡中可以找到 "Global Options…" 选项，在弹出窗口中可以对 IDE 中的个性化选择进行全局设置。

同时，RStudio 默认有一系列的快捷键来方便用户进行快速操作。

- 〈Ctrl + Enter〉：运行当前代码。
- 〈Ctrl + C〉：复制。
- 〈Ctrl + V〉：粘贴。
- 〈Ctrl + Shift + M〉：插入管道操作符（"%>%"）。
- 〈Ctrl + Shift + C〉：批量注释。
- 〈Esc〉：结束当前命令。

更多的使用方法，可以参考 RStudio 的官方帮助文档（https://docs.rstudio.com/）。

## 2.2　R 的基本数据类型

R 语言是一门面向数据的语言，因此用户必须熟悉 R 体系中的基本数据类型。R 中常用的数据类型包括数值型、逻辑型、字符型和因子型 4 种，以下一一进行介绍。

### 2.2.1　数值型

数值型，顾名思义就是数字，如 19960524。可以用 **class** 函数来查看数据的类型。

```
class(19960524)
## [1] "numeric"
```

可看到，这是一个数值型。其实数值还有更深层的分类，就是整数型和双精度型，可以用来表示整数和正整数。如果要表示整数，一般在数字后面加入"L"。可以用 **typeof** 函数来看到细分的数据差别。

```
typeof(19960524L) #整数型
## [1] "integer"
typeof(1996.0524) #双精度型
## [1] "double"
```

R 中还有一种数据类型叫作复数型，可以表示数学中的虚数，表示方法如下。

```
class(1 + 1i)
## [1] "complex"
```

由于在文本数据挖掘中不常用，这里不展开介绍这种数据类型。

### 2.2.2　逻辑型

逻辑型的数据，一般是指非黑即白的两种：真（TRUE）与假（FALSE）。

```
class(FALSE)
## [1] "logical"
class(TRUE)
## [1] "logical"
```

TRUE 和 FALSE 都是 R 中的保留字符，它们还可以分别简写为 T 和 F。

```
class(F)
## [1] "logical"
class(T)
## [1] "logical"
```

值得注意的是，R 中表示缺失值的保留字 NA 也是逻辑型数据。

```
class(NA)
## [1] "logical"
```

### 2.2.3　字符型

字符型就是字符串，在文本数据挖掘中，所有文本格式的数据都属于这种类型，如"R

语言""文本数据挖掘"，就都是字符串。

```
class("R 语言")
## [1] "character"
class("文本数据挖掘")
## [1] "character"
```

### 2.2.4　因子型

因子型是 R 中独特的数据结构，它代表了字符与数字的映射关系，可以表示离散型的数据。

```
a = factor("Pan") # 构造一个因子型数据赋值给 a
class(a)
## [1] "factor"
```

使用 **levels** 函数可以看到因子变量的等级。

```
levels(a)
## [1] "Pan"
```

## 2.3　R 的常用数据结构

在实际应用中，数据总是以一定的形式组织起来，在 R 中也有对应的数据结构来表达这些组织形式。在本节中，将会对 R 语言中常用的数据结构（向量、矩阵、列表、数据框）进行介绍。

### 2.3.1　向量

在 2.2 节中介绍了数据类型，包括数值型、字符型、因子型等，这些具有相同数据类型的多个数据单位组合到一起，可以构成一个向量（Vector）。在 R 中，可以利用 **c** 函数来构造一个向量，如下所示。

```
num_vec = c(1,3,5,7)
char_vec = c("A","B","C")
logl_vec = c(T,F,T)

num_vec
## [1] 1 3 5 7
char_vec
## [1] "A" "B" "C"
logl_vec
## [1]  TRUE FALSE  TRUE
```

还可以用 **is.vector** 函数来判断变量是否为一个向量。

```
is.vector(num_vec)
## [1] TRUE
```

## 2.3.2　矩阵

矩阵（Matrix）的本质是一个二维数组，具有行和列两个维度。在 R 中，可以使用 **matrix** 函数来构造一个矩阵。例如，构造一个名为 mdat 的矩阵，其中行名称为 row1 和 row2，列名称为 C.1、C.2 和 C.3，具体代码如下所示。

需要注意的是，行列的名称是可以缺省的。

```
mdat <- matrix(c(1,2,3, 11,12,13), nrow = 2, ncol = 3, byrow = TRUE,
                dimnames = list(c("row1", "row2"),
                                c("C.1", "C.2", "C.3")))
mdat
##      C.1 C.2 C.3
## row1   1   2   3
## row2  11  12  13
```

可以使用 **is.matrix** 函数来判断数据是否为一个矩阵。

```
is.matrix(mdat)
## [1] TRUE
```

## 2.3.3　列表

列表（List）是 R 中最为灵活的数据结构，它就像一列火车，每个车厢中都可以放任意类型的数据。下面举个例子，把逻辑变量 TRUE（简写为 T）、数值变量 1 和字符变量 "hello" 同时打包放在列表变量 a_list 中，如下所示。

```
a_list = list(T,1,"hello")
a_list
## [[1]]
## [1] TRUE
##
## [[2]]
## [1] 1
##
## [[3]]
## [1] "hello"
```

使用 **is.list** 函数可以判断一个数据是否为一个列表。

```
is.list(a_list)
## [1] TRUE
```

### 2.3.4 数据框

数据框（Data Frame）是 R 中重要的数据结构，能够表达传统数据库中的二维表结构。它是一种特殊的列表，它每一列是一个向量（具有数据类型同质性），每一行是一个列表（单个样本可以有不同数据类型的属性）。一般而言，数据框一定会有列名称来描述属性，而行名称则可有可无，因为行名称可以新增一列来进行表示。在 R 中，可以使用 **data.frame** 函数来构建一个数据框。

```
df = data.frame(a = 1:3, b = 4:6)
df
##   a b
## 1 1 4
## 2 2 5
## 3 3 6
```

可以使用 **names** 函数来获得该数据框的列名称。

```
names(df)
## [1] "a" "b"
```

如果想要获知一个数据框的维度（它有几行几列），可以使用 **dim** 函数获取。

```
dim(df)
## [1] 3 2
```

与之前类似，可以用 **is.data.frame** 函数来判断一个数据是否为数据框结构，如下所示。

```
is.data.frame(df)
## [1] TRUE
```

## 2.4 R 的基础编程知识

R 语言与 C 语言等其他编程语言相似，自身有一套编程体系。尽管这个体系非常庞杂，但是对于入门者而言，只需要掌握其中一些核心的内容就可以完成大部分简单的数据操作和计算。本节将会针对 R 语言编程的部分核心内容进行简要介绍，从而让初学者快速掌握一些基本概念。

### 2.4.1 赋值

赋值就是把计算好的结果赋予一个变量的过程，在前面的介绍中已经用到了赋值操作。

在 R 中，可以使用等号（=）或箭头（<-和->）来对变量进行赋值。

```
a = 1
# 等价于
a <- 1
# 等价于
1 -> a
```

尽管在 R 中可以灵活地使用以上 3 种方法进行赋值，但是有时候作为项目管理，应该统一编程风格。例如有的规范中建议在所有函数定义的时候用 "="，而在数值保存的时候使用 "<-"。而日常使用中，因为编写代码总是有从左到右的习惯，则可以灵活地使用 "->" 来进行赋值。在 R 中，还可以使用 **assign** 函数来为一个变量名进行赋值，如下所示。

```
assign("a",1)
```

这里，"a" 是一个字符，它代表了变量的名称。

## 2.4.2 函数

函数式编程是 R 的一大特色，在 R 中无时无刻不在调用函数来实现不同的算法。例如，如果想要求得一个数值型向量的均值，可以使用 R 内置的 **mean** 函数实现。

```
a = c(1,2,3)
mean(a)
## [1] 2
```

**sum** 函数则可以求得数值型向量的总和。

```
sum(a)
## [1] 6
```

在日常工作中，常常需要自定义函数来完成特定的任务，例如想利用勾股定理来求直角三角形斜边的长度。下面，通过构造一个名为 "get_length" 的函数来完成这个计算任务。

```
get_length = function(a,b){
  sqrt(a^2 + b^2)  #sqrt 是 R 内置的开方函数
}

get_length(3,4)
## [1] 5
```

## 2.4.3 强制类型转换

R 中的基本数据类型在一定条件下可以进行相互转化。举一个例子，在 R 中认为，逻辑型的函数，TRUE 的值是 1，FALSE 的值是 0，通过 **as.numeric** 函数强制类型转换，能够看到这个关系。

```
as.numeric(TRUE)
## [1] 1
as.numeric(FALSE)
## [1] 0
```

这里，把逻辑型数据转化为了数值型数据。这个操作是可逆的，可以使用 **as.logical** 函数把数值 1 和 0 重新转化为逻辑型数据。

```
as.logical(1)
## [1] TRUE
as.logical(0)
## [1] FALSE
```

逻辑型和数值型的数据都可以使用 **as.character** 函数转化为字符型数据。

```
as.character(TRUE)
## [1] "TRUE"
as.character(1990)
## [1] "1990"
```

说明：在 R 中，可以使用以"as."为前缀的函数对数据进行强制类型转换。

### 2.4.4 条件判断

在 R 中经常要使用条件判断来实现分支结构，如果满足某一条件就执行 A 操作，否则执行 B 操作，if 语句和 else 语句可以轻松地实现这个过程。

```
a = 3
if(a > 3) print("a 大于 3") else print("a 不大于 3")
## [1] "a 不大于 3"
```

还可以用 ifelse 语句直接实现这个结构。

```
ifelse(a > 3,"a 大于 3","a 不大于 3")
## [1] "a 不大于 3"
```

### 2.4.5 循环操作

在批处理过程中，往往需要利用循环来对数据进行遍历，以计算所有的情况。在 R 中使用循环非常灵活，例如要打印 1 到 10 的所有正整数，可以利用 for 循环来编写代码加以实现。

```
for (i in 1:10) {
  print(i)
```

```
}
## [1] 1
## [1] 2
## [1] 3
## [1] 4
## [1] 5
## [1] 6
## [1] 7
## [1] 8
## [1] 9
## [1] 10
```

还可以使用 while 语句，通过条件判断来实现上面的操作。

```
i = 1
while(i <= 10){
  print(i)
  i = i+1
}
## [1] 1
## [1] 2
## [1] 3
## [1] 4
## [1] 5
## [1] 6
## [1] 7
## [1] 8
## [1] 9
## [1] 10
```

需要注意的是，在上面的操作中，给 i 定义了初始值 1，并在每一步运算结束后加上了 1 来推进遍历操作。

最后，还要介绍 repeat 语句，它相当于"while(1)"，也就是没有遇到终止操作 break，它就会一直运行下去。以下代码利用 repeat 语句实现了以上操作。

```
i = 1
repeat{
  print(i)
  i = i+1
  if(i > 10) break #如果 i 大于 10，结束循环
}
## [1] 1
## [1] 2
## [1] 3
```

```
## [1] 4
## [1] 5
## [1] 6
## [1] 7
## [1] 8
## [1] 9
## [1] 10
```

## 2.5　数据操作入门

在实际工作中，往往需要对数据（在 R 中数据通常以数据框形式保存，即 data.frame）进行复杂的清洗转化操作，包括创建、添加、删除、插入、排序、过滤、分组、汇总、连接、长宽转换等。这些操作使用频次很高，因此初学者需要在刚入门的时候就掌握这些操作。本节将主要使用 tidyfst 包来对数据进行操作，这个包语法结构与 dplyr 类似，而底层则利用 data.table 来构筑，运行速度快、语法简洁优雅，非常适合初学者使用。同时，本部分还会根据要解决的问题，进行讲解和探讨，并在必要的时候介绍更多的工具包来满足多元化的需求。

### 2.5.1　文件读写

在数据分析中，第一步就是要把数据导入到软件环境中，通常把这个步骤叫作文件读写（File Input/Output）。在文件读写的过程中，通常会考虑的因素包括：

- 读入和写出是否正确，即读写不能改变原有数据。
- 读写速度是否足够快，高性能读写工具能够减少读写的时间。
- 写出的数据是否足够小，也就是说保存的文件大小应该限制在一定范围内。
- 导出数据格式通用性是否够用，是否能够在其他系统或软件环境中打开。

R 语言的文件读写系统非常完备，而且在拓展包的支持下几乎能够读写任意格式的数据。本节将会对主流的数据读写方法进行介绍，并对其性能特点进行解析。

1. csv 文件的读写

csv（Comma-Separated Values）的中文名称为逗号分隔值，是一种常见的文件格式，它能够保存 R 中的数据框。这种文件格式，能够在 Excel、Python 等其他软件工具中导入导出，是非常流行的通用数据保存格式。在 R 语言中，可以直接利用基本包内置的 **read.csv** 和 **write.csv** 函数来读写 csv 文件，但是它们的功能不够强大，因此这里直接给出相对安全而更快捷的方法：

- 如果文件比较大，使用 data.table 包的 **fread** 函数来读取 csv 文件。
- 如果文件比较大，使用 data.table 包的 **fwrite** 函数来写出 csv 文件。
- 如果读取文件出现乱码问题，尝试给 **fread** 函数加设参数 encoding = "UTF-8"。
- 如果写出函数用 Excel 打开出现乱码问题，尝试使用 readr 包的 **write_excel_csv** 函数来写出。

接下来做一个演示，把内置的 iris 数据集读出到 D 盘根目录中。请确保 D 盘根目录下没有同名文件（文件名称为"iris.csv"）。首先把 R 的内置数据框 iris 写出。

```
library(pacman)
p_load(data.table)
fwrite(iris,"D:/iris.csv")
```

D 盘根目录下就有了一个名为"iris.csv"的文件，读者可以自行打开查看。然后，使用 **fread** 函数把它读回来。

```
fread("D:/iris.csv") -> new_iris
new_iris
##      Sepal.Length Sepal.Width Petal.Length Petal.Width   Species
##   1:          5.1         3.5          1.4         0.2    setosa
##   2:          4.9         3.0          1.4         0.2    setosa
##   3:          4.7         3.2          1.3         0.2    setosa
##   4:          4.6         3.1          1.5         0.2    setosa
##   5:          5.0         3.6          1.4         0.2    setosa
##  ---
## 146:          6.7         3.0          5.2         2.3 virginica
## 147:          6.3         2.5          5.0         1.9 virginica
## 148:          6.5         3.0          5.2         2.0 virginica
## 149:          6.2         3.4          5.4         2.3 virginica
## 150:          5.9         3.0          5.1         1.8 virginica
```

需要注意的是，**fread** 函数返回的是 data.table 类型的数据，它的本质依然是一个数据框。如果需要处理编码格式问题，可以加设参数：

```
fread("D:/iris.csv",encoding = "UTF-8") -> new_iris2
```

如果需要在写出的时候让 Excel 能够自动识别编码格式，可以使用 readr 包的 **write_excel_csv** 函数。

```
p_load(readr)
write_excel_csv(iris,"D:/iris.csv")
```

最后，我们直接在 R 中把这个写出的文件删除掉。

```
unlink("D:/iris.csv")
```

2. 二进制文件的读写

如果想要获得更好的读写性能，就需要把数据文件存为二进制格式。在 R 中，使用 **readRDS** 函数和 **wirteRDS** 函数可以对任意 R 对象进行二进制文件的读写，如果要保存和读取多个变量，则可以使用 load/save 组合。使用二进制文件进行存取，会比其他方法更快，而且保存的文件占用内存也会更少。在这个基础上，R 的扩展包还能够让二进制文件读写的速度再提高一个水平，这里，对其中 fst、feather、qs、ao 3 个包进行简单介绍和比较。这 3 个包的各自特点如下。

- fst：保存速度快，而且对文件具有压缩作用，但是只能对数据框进行保存；
- feather：与 fst 类似，而且输出的文件格式能够被 Python 进行读写，能够很好地与 Python 数据科学工作流进行对接；
- qs：与 fst 类似，但是可以对任意 R 对象（不仅限于数据框）进行序列化压缩存取。

下面，尝试比较上述 3 个包的读写速度和保存文件大小，以评估三者的读写效果。如果读者目前还无法了解这些代码的细节，可以跳过过程直接看结论，来指导自己在不同的情况下使用不同的工具。

首先，加载 3 个包和其他必要的包。需要说明的是，目前，feather 项目已经转移到 Apache Arrow 中，因此需要在 arrow 包中对其调用，才能够获得最新也是最佳的性能（https://github.com/wesm/feather）。同时，会调用 tidyfst 包的 **import_fst** 函数和 **export_fst** 函数，它们的本质就是 fst 包的 **read_fst** 函数和 **write_fst** 函数，但是会把压缩因子调到最大，也就是尽可能地让输出文件变小。

```
library(pacman)
p_load(fst,qs,arrow,tidyfst,MODIS)
```

另外，需要构造一个足够大的数据框来测试性能。把 iris 数据集的第一行复制一千万次，形成一个一千万行的数据框，并保存在 a 变量中。

```
iris[rep(1,1e7),] -> a
object_size(a)
```

因为不同平台具有不同的情况，在此不显示运行结果。在这个例子中，我们获取的数据框大小为 1 GB，接下来，演示如何构造一个临时的路径来保存它。

```
tf <- tempfile()  #生成临时文件路径
on.exit(unlink(tf)) #设置在退出时删掉临时文件
tf
```

观察 tf，可以发现它是一个临时文件路径。接下来构建一个测试函数 test，把上面构造临时文件路径的方法融入其中。

```
# 测试函数构建
test = function(name,read_fun,write_fun){
  tf <- tempfile()
  on.exit(unlink(tf))
  system.time(write_fun(a,tf))["user.self"] -> writeTime
  system.time(read_fun(tf) -> a1)["user.self"] -> readTime
  MODIS::fileSize(tf,units = "KB")-> fileSize
  c(fileSize,readTime,writeTime) -> output_vec
```

```
    names(output_vec) = c("fileSize","readTime","writeTime")
    c(name = name,output_vec)
}
```

以下对上面的代码稍作解析。其中 **system.time** 函数可以求得运行时间，取出其中的 "user.self" 属性是用户实际的等待时间（单位为秒）；而 **fileSize** 函数来自于 MODIS 包，可以根据文件路径求得文件的实际大小，并设置其大小单位（这里设置为 KB）。这个函数会测试 **read_fun** 和 **write_fun** 这两个函数的运行时间和输出文件大小，最后输出。通过更换读写函数，能够测试不同包的读写效果。我们为函数设置一个 class 参数，用来进行标注。下面进行测试：

```
rbind(
  test("base",readRDS,saveRDS),
  test("fst",read_fst,write_fst),
  test("tidyfst",import_fst,export_fst),
  test("feather",read_feather,write_feather),
  test("qs",qread,qsave)
) -> res


res
```

在测试中，最后获得结果如下所示：

```
#      name         fileSize            readTime              writeTime
# [1,] "base"       "24651.6513671875"  "3.53"               "5.92000000000002"
# [2,] "fst"        "1807.857421875"    "0.189999999999998"  "0.0600000000000023"
# [3,] "tidyfst"    "692.08203125"      "0.109999999999985"  "0.75"
# [4,] "feather"    "1435.501953125"    "0.469999999999999"  "0.289999999999992"
# [5,] "qs"         "4872.8779296875"   "1.26999999999998"   "1.36000000000001"
```

可见，文件压缩效果最好的是 tidyfst 包，在 R 环境中占用内存 1 GB 的数据，导出后只有约 692 KB。从读写时间上来看，fst 包的效果最好，读取文件只用了约 0.19 秒，写出文件只用了 0.06 秒。因此就数据框的读写而言，当前 fst 包是最佳的选择。在默认条件下，fst 包的 **write_fst** 函数会把压缩因子（compress 参数）设置为 50，这是对读写速度和文件大小的一个权衡。但是如果文件比较大，那么文件本身的传输速度就会减慢（例如我们写出的文件，要存到 U 盘或者上传到网络）。因此，在 tidyfst 中直接把 compress 参数设置为 100，以确保输出文件尽可能小。在实际应用中，用户需要根据自己的需求进行设置使用。综合上述试验，可以得到如下的结论：

- 基本包的函数最慢，因此条件允许的情况下应该避免使用。
- 保存数据框的时候尽量使用 fst 包，它速度快，而且压缩效果最好。
- 如果需要让文件尽可能小，使用 tidyfst 包的 **export_fst** 函数，或把 fst 包中的 **write_fst** 函数的 compress 参数设为 100。

- 如果需要保存数据框以外的 R 对象，使用 qs 包的 **qread** 和 **qsave** 函数。
- 如果需要与 Python 工作流对接，使用 arrow 包的 **read_feather** 和 **write_feather** 函数。

3．其他文件格式的读写

通过各式各样的拓展包，R 可以对各种格式的文件进行读写，这些文件包括表格、文本、图像、音频、视频等。这些扩展包中的一些工具不仅仅具备读写各种文件的功能，还能够对读入的数据进行预处理和进一步的分析。接下来，将介绍不同格式文件可以用什么包读写，应该用其中的什么函数读写。

（1）表格数据读写

- readr：能够读写二维表形式的数据，主要支持 csv 格式的文件读写。经典的读写函数组合为 read_csv/write_csv，而根据读写细节的变化，又衍生出 read_tsv、read_csv2、write_excel_csv 等函数，相关内容可参考官方网址 https://github.com/tidyverse/readr。
- rio：可以根据文件扩展名对文件形式进行识别，然后进行读写。主要函数为 import/export，支持包括 csv、json、xlsx、fst、feather、mat（Matlab 文件格式）在内的多种文件格式的读写。在导入多表格文件（如 xlsx 中的多个工作簿）时，可以使用 import_list/export_list 函数。更多细节信息参考 https://github.com/leeper/rio。

（2）文本数据读写

- readtext：可以读取包括 pdf、docx、xml、json 在内的各种文本文件，核心函数为 readtext。读取后获得的 R 对象为数据框，一列为文件名，一列为文本内容。获得的数据格式能够很好地利用 quanteda 包进行后续操作，详细信息见 https://github.com/quanteda/readtext。
- textreadr：可以读取包括 rtf、html、docx 在内的多种文本数据类型，还可以读取路径下的所有文本文件，并展示其文本存储结构。更多内容请参考 https://github.com/trinker/textreadr。

（3）图像数据读写

- magick：R 中的高级图像处理软件包，可以通过 image_read/image_write 来对图像文件进行读写，具体信息可参考 https://github.com/ropensci/magick。
- imager：基于 CImg 的 R 图像处理库，可以快速处理多达 4 个维度的图像信息（两个空间维度、一个时间或深度维度、一个颜色维度）。在该体系中，可以使用 load.image/save.image 来进行图像文件的读写，更多信息可参考 https://github.com/dahtah/imager。

（4）音频/视频数据读写

- av：可以在 R 中对音频和视频进行分析的工具，其中 read_audio_bin 和 read_audio_fft 两个函数可以对音频数据进行读取，详细信息见 https://github.com/ropensci/av。
- seewave：能够实现分析、操作、显示、编辑和合成时间波的功能（特别是音频文件），可以用 export 和 savewav 函数进行文件导出。关于音频文件的输入输出，可以参考 https://cran.r-project.org/web/packages/seewave/vignettes/seewave_IO.pdf 获得进一步的了解。

上面介绍的一些工具包，是 R 中文件读写拓展包的一部分，事实上 R 中还有很多功能强大的包能够进行文件信息的提取和写出。例如 docxtractr 包能够自动提取 Word 文件中的表格信息（https://github.com/hrbrmstr/docxtractr），openxlsx 包能够批量读取 Excel 文件的多工作簿，进行各种编辑后再批量导出。因此，如果有更多特定需求的时候，可以在网络中进行深度的查询来找到合适的包，从而对特定格式的文件进行读写和编辑。

4. 并行读取多个文件

在日常的工作任务中，经常可能遇到需要读取多个数据文件，然后将其合并成一个统一文件的情况。如果文件数量比较多，这个步骤往往会非常耗时，利用并行计算，就能够有效地解决这个问题。在介绍并行操作之前，先对并行计算的概念进行简单的介绍。能够并行化的任务，要符合"Split-Apply-Combine"准则，也就是任务是可分割的，然后再局部分别运行，最后把结果合并在一起。举个例子，任务 A 是做鸡蛋料理，分为打鸡蛋和煮鸡蛋两个部分；任务 B 是折一百只千纸鹤。那么，任务 A 是串行的，如果不先打鸡蛋，就没有鸡蛋可以煮；任务 B 是并行的，因为可以让 5 个人每人折 20 只千纸鹤。要进行并行运算，还对计算机的硬件有一定要求，必须能够支持多线程的计算。目前市面一般的计算机都能够支持，如果核心数量越多，那么并行的效果就越好。设置并行运算具有一定的时间成本，但是如果数据量特别大，这些时间成本基本可以忽略不计。

接下来会讲解如何在 R 中进行多个文件的并行读取，将会使用 future.apply 包来进行实现。future.apply 包能够对 R 基本包中的 apply 族函数进行并行化的部署，而且语法结构与基本包维持一致，非常便捷。

在演示如何进行并行读取之前，先来构造一个文件夹，里面有 500 个一模一样的 csv 文件。

首先，在 D 盘根目录下创建一个名为"test_parallel"的文件夹，读者实际操作时要需要注意 D 盘中不能有同名的文件夹。

```
library(pacman)
p_load(tidyfst,future.apply)

# 如果 D 盘中没有名为"test_parallel"的文件夹
# 那么将会自动创建一个名为"test_parallel"的文件夹
if(!dir.exists("D:/test_parallel"))
  dir.create("D:/test_parallel")
```

然后，会用 iris 作为操作数据在该文件夹中写出。一共写出 500 个 csv 文件，文件名称为 1 到 500 的正整数。写出的时候需要给出文件的绝对路径，因此利用 paste0 函数来构造文件名称，它能够对字符串进行拼接。

```
for (i in 1:500) {
  fwrite(iris,paste0("D:/test_parallel/",i,".csv"))
}
```

如下所示，在 D 盘的 test_parallel 文件夹中就写出了 500 个 csv 文件。接下来对其进行并行读取，然后合并成一个数据框。

```
# 获取目标文件的所有路径
dir("D:/test_parallel",full.names = TRUE) -> fn

#设置并行模式
plan(multiprocess)

future_lapply(fn,fread) %>% # 并行读取
  rbindlist() -> df    #合并所有读入的数据框
```

至此，df 中就保存了这 500 个文件读入后合并的结果。

以上操作的实质是，先利用 dir 函数获取所有目标文件的路径（注意：需要把 full.names 参数设置为 TRUE，这样才能够获得绝对路径的名称）；然后使用 plan(multiprocess)这段代码一键设置并行环境；最后，利用 future_lapply 函数对路径下所有的文件（所有文件路径保存在 fn 中）进行并行读取（使用 fread 作为读取函数）。这一步会得到一个列表，列表中包含多个数据框，然后我们使用 rbindlist 函数将列表中所有的数据框按行合并到一起。

需要注意的是，不是所有的情况都适合使用并行读取，并行读取方式本身也具有一定的风险。例如在并行读取多个文件的过程中，如果其中一个文件的读取出了错误，或者格式不一致，就会导致最后合并的时候出错或无法得到正确结果。但是如果使用串行方式读取，那么就可以把前面正确合并的结果保存下来，并且能够知道出错的文件是哪一个。

实现串行合并也非常简单，操作如下。

```
# 初始化 all 变量，设置为一个空的 data.table
all = data.table()

# 循环读取，并且合并到之前的 all 中
for(i in fn){
  fread(i) %>%
    rbind(all) -> all
}
```

all 就是合并后获得的数据框。如果中间出错，则可以检查 i 合并到哪里，而之前合并的结果也会保存在 all 中，可以对当前出错的文件进行排错或跳过，然后继续进行读取合并。最后，把创建的文件夹删掉。

```
unlink("D:/test_parallel",recursive = TRUE)
```

## 2.5.2　数据框的检视

对于一个读入的数据框，往往希望尽可能地了解它的结构，包括：这个数据表有几行几列，每一列的数据类型是什么，每一列中是否有缺失值，缺失值的比例是多少，连续型随机

变量的分布大概是什么样子的，离散型随机变量不同的变量出现频次是多少，在 R 的基本包中，有一系列的函数来进行这些基础的数据探索。以 R 自带的 iris 数据集为例，如果需要知道它由几行几列构成，则可以用 **dim** 函数实现。

```
dim(iris)
## [1] 150   5
```

如果想要深挖其数据类型，可以使用 **str** 函数。

```
str(iris)
## 'data.frame':    150 obs. of  5 variables:
##  $ Sepal.Length: num  5.1 4.9 4.7 4.6 5 5.4 4.6 5 4.4 4.9 ...
##  $ Sepal.Width : num  3.5 3 3.2 3.1 3.6 3.9 3.4 3.4 2.9 3.1 ...
##  $ Petal.Length: num  1.4 1.4 1.3 1.5 1.4 1.7 1.4 1.5 1.4 1.5 ...
##  $ Petal.Width : num  0.2 0.2 0.2 0.2 0.2 0.4 0.3 0.2 0.2 0.1 ...
##  $ Species     : Factor w/ 3 levels "setosa","versicolor",..: 1 1 1 1 1 1 1 1
1 1 ...
```

可以发现，iris 数据框的前 4 列为数值型变量，而最后 1 列为因子型变量。

此外，我们还可以用 **head** 和 **tail** 函数来观察数据框的前 6 行和后 6 行。

```
head(iris)
##   Sepal.Length Sepal.Width Petal.Length Petal.Width Species
## 1          5.1         3.5          1.4         0.2  setosa
## 2          4.9         3.0          1.4         0.2  setosa
## 3          4.7         3.2          1.3         0.2  setosa
## 4          4.6         3.1          1.5         0.2  setosa
## 5          5.0         3.6          1.4         0.2  setosa
## 6          5.4         3.9          1.7         0.4  setosa
tail(iris)
##     Sepal.Length Sepal.Width Petal.Length Petal.Width   Species
## 145          6.7         3.3          5.7         2.5 virginica
## 146          6.7         3.0          5.2         2.3 virginica
## 147          6.3         2.5          5.0         1.9 virginica
## 148          6.5         3.0          5.2         2.0 virginica
## 149          6.2         3.4          5.4         2.3 virginica
## 150          5.9         3.0          5.1         1.8 virginica
```

如果想要了解每一列的数据分布，可以使用 **summary** 函数。对于数值型变量而言，可以显示其四分位数、极值和均值；对于因子变量而言，则会对其分类进行计数。

```
summary(iris)
##   Sepal.Length    Sepal.Width     Petal.Length    Petal.Width
##  Min.   :4.300   Min.   :2.000   Min.   :1.000   Min.   :0.100
##  1st Qu.:5.100   1st Qu.:2.800   1st Qu.:1.600   1st Qu.:0.300
```

```
## Median :5.800    Median :3.000    Median :4.350    Median :1.300
## Mean   :5.843    Mean   :3.057    Mean   :3.758    Mean   :1.199
## 3rd Qu.:6.400    3rd Qu.:3.300    3rd Qu.:5.100    3rd Qu.:1.800
## Max.   :7.900    Max.   :4.400    Max.   :6.900    Max.   :2.500
##        Species
## setosa    :50
## versicolor:50
## virginica :50
##
##
##
```

如果需要快速地从整体层面了解一个数据框，这里推荐使用 skimr 包的 **skim** 函数，能够用最少的代码来获知数据框的方方面面，如下所示。

```
library(pacman)
p_load(skimr)
skim(iris)
Data summary
Name                      iris
Number of rows            150
Number of columns         5

─────────────────────────────
Column type frequency:
Factor                    1
numeric                   4

─────────────────────────────
Group variables           None
```

**Variable type: factor**

| skim_variable | n_missing | complete_rate | ordered | n_unique | top_counts |
|---|---|---|---|---|---|
| Species | 0 | 1 | FALSE | 3 | set: 50, ver: 50, vir: 50 |

**Variable type: numeric**

| skim_variable | n_missing | complete_rate | mean | sd | p0 | p25 | p50 | p75 | p100 | hist |
|---|---|---|---|---|---|---|---|---|---|---|
| Sepal.Length | 0 | 1 | 5.84 | 0.83 | 4.3 | 5.1 | 5.80 | 6.4 | 7.9 | ▆▇▇▅▂ |
| Sepal.Width | 0 | 1 | 3.06 | 0.44 | 2.0 | 2.8 | 3.00 | 3.3 | 4.4 | ▁▆▇▂▁ |
| Petal.Length | 0 | 1 | 3.76 | 1.77 | 1.0 | 1.6 | 4.35 | 5.1 | 6.9 | ▇▁▆▇▂ |
| Petal.Width | 0 | 1 | 1.20 | 0.76 | 0.1 | 0.3 | 1.30 | 1.8 | 2.5 | ▇▁▇▅▃ |

通过使用 skim 函数，可以迅速获知数据框的行列数量，并能够了解不同类型的属性分别有多少列，对于不同的变量还会进行更加深入的探索展示。关于 skimr 包的更多用法，可以参考 https://docs.ropensci.org/skimr/articles/skimr.html。

27

### 2.5.3 单表操作

所谓单表操作，就是基于单个表格进行的数据操作，包括检索、筛选、排序、汇总等。下面，将会以 tidyfst 包作为主要工具来说明如何在 R 中完成这些单表操作。

**1. 检索**

检索就针对用户的需求来提取总数据集一部分进行查阅，一般可以分为行检索与列检索。在行检索中，一般是根据数据条目所在位置进行检索。例如想要查看 iris 数据表的第 3 行，可以使用 **slice_dt** 函数进行行检索，具体操作如下。

```
library(pacman)
p_load(tidyfst)

iris %>% slice_dt(3)
##    Sepal.Length Sepal.Width Petal.Length Petal.Width Species
##         <num>       <num>       <num>       <num>   <fctr>
## 1:       4.7         3.2         1.3         0.2   setosa
```

如果想要查看多列，可以使用向量作为检索内容。

```
# 查看第 4 和第 6 列
iris %>% slice_dt(c(4,6))
##    Sepal.Length Sepal.Width Petal.Length Petal.Width Species
##         <num>       <num>       <num>       <num>   <fctr>
## 1:       4.6         3.1         1.5         0.2   setosa
## 2:       5.4         3.9         1.7         0.4   setosa
# 查看第 4 到第 6 列
iris %>% slice_dt(4:6)
##    Sepal.Length Sepal.Width Petal.Length Petal.Width Species
##         <num>       <num>       <num>       <num>   <fctr>
## 1:       4.6         3.1         1.5         0.2   setosa
## 2:       5.0         3.6         1.4         0.2   setosa
## 3:       5.4         3.9         1.7         0.4   setosa
```

对列进行检索则具有更多灵活的选择。首先，与行检索类似，可以根据列所在的位置，通过 **select** 函数来对列进行检索。

```
# 查看第 1 列
iris %>% select_dt(1)
##    Sepal.Length
##         <num>
##  1:      5.1
##  2:      4.9
##  3:      4.7
##  4:      4.6
```

```
##   5:          5.0
## ---
## 146:          6.7
## 147:          6.3
## 148:          6.5
## 149:          6.2
## 150:          5.9
```

```
# 查看第 1 和第 3 列
iris %>% select_dt(1,3)
##      Sepal.Length Petal.Length
##           <num>        <num>
##   1:       5.1          1.4
##   2:       4.9          1.4
##   3:       4.7          1.3
##   4:       4.6          1.5
##   5:       5.0          1.4
## ---
## 146:       6.7          5.2
## 147:       6.3          5.0
## 148:       6.5          5.2
## 149:       6.2          5.4
## 150:       5.9          5.1
```

```
# 查看第 1 到 3 列
iris %>% select_dt(1:3)
##      Sepal.Length Sepal.Width Petal.Length
##           <num>       <num>       <num>
##   1:       5.1         3.5         1.4
##   2:       4.9         3.0         1.4
##   3:       4.7         3.2         1.3
##   4:       4.6         3.1         1.5
##   5:       5.0         3.6         1.4
## ---
## 146:       6.7         3.0         5.2
## 147:       6.3         2.5         5.0
## 148:       6.5         3.0         5.2
## 149:       6.2         3.4         5.4
## 150:       5.9         3.0         5.1
```

其次，还可以通过变量的名称，使用 select 函数直接对其中的一个或多个变量进行检索。

```
# 选择 Species 列
iris %>% select_dt(Species)
##       Species
```

```
##        <fctr>
##   1:   setosa
##   2:   setosa
##   3:   setosa
##   4:   setosa
##   5:   setosa
##   ---
## 146: virginica
## 147: virginica
## 148: virginica
## 149: virginica
## 150: virginica
```

```
# 选择 Sepal.Length 和 Sepal.Width 列
iris %>% select_dt(Sepal.Length,Sepal.Width)
##      Sepal.Length Sepal.Width
##             <num>       <num>
##   1:          5.1         3.5
##   2:          4.9         3.0
##   3:          4.7         3.2
##   4:          4.6         3.1
##   5:          5.0         3.6
##   ---
## 146:          6.7         3.0
## 147:          6.3         2.5
## 148:          6.5         3.0
## 149:          6.2         3.4
## 150:          5.9         3.0
```

```
# 选择从 Sepal.Length 列到 Petal.Length 列中的所有列
iris %>% select_dt(Sepal.Length:Petal.Length)
##      Sepal.Length Sepal.Width Petal.Length
##             <num>       <num>        <num>
##   1:          5.1         3.5          1.4
##   2:          4.9         3.0          1.4
##   3:          4.7         3.2          1.3
##   4:          4.6         3.1          1.5
##   5:          5.0         3.6          1.4
##   ---
## 146:          6.7         3.0          5.2
## 147:          6.3         2.5          5.0
## 148:          6.5         3.0          5.2
## 149:          6.2         3.4          5.4
## 150:          5.9         3.0          5.1
```

如果要按照名称选择多列，还可以使用正则表达式的方法。例如要选择列名称中包含

"Pe"的列，可以进行如下操作。

```
iris %>% select_dt("Pe")
##     Petal.Length Petal.Width
##            <num>       <num>
## 1:           1.4         0.2
## 2:           1.4         0.2
## 3:           1.3         0.2
## 4:           1.5         0.2
## 5:           1.4         0.2
## ---
## 146:         5.2         2.3
## 147:         5.0         1.9
## 148:         5.2         2.0
## 149:         5.4         2.3
## 150:         5.1         1.8
```

与此同时，还可以根据数据类型来选择列，例如如果需要选择所有的因子变量，可以进行如下操作。

```
iris %>% select_dt(is.factor)
##       Species
##        <fctr>
## 1:     setosa
## 2:     setosa
## 3:     setosa
## 4:     setosa
## 5:     setosa
## ---
## 146: virginica
## 147: virginica
## 148: virginica
## 149: virginica
## 150: virginica
```

如果要进行反向选择，在要去除的内容（可以是变量名、所在列数或正则表达式）前面加负号（"-"）即可。

```
# 去除 Sepal.Length 列
iris %>% select_dt(-Sepal.Length)
##     Sepal.Width Petal.Length Petal.Width  Species
##           <num>        <num>       <num>   <fctr>
## 1:          3.5          1.4         0.2   setosa
## 2:          3.0          1.4         0.2   setosa
## 3:          3.2          1.3         0.2   setosa
```

```
##   4:              3.1          1.5          0.2    setosa
##   5:              3.6          1.4          0.2    setosa
##  ---
## 146:              3.0          5.2          2.3 virginica
## 147:              2.5          5.0          1.9 virginica
## 148:              3.0          5.2          2.0 virginica
## 149:              3.4          5.4          2.3 virginica
## 150:              3.0          5.1          1.8 virginica
```

# 去除第 1 列
```
iris %>% select_dt(-1)
##     Sepal.Width Petal.Length Petal.Width    Species
##           <num>        <num>       <num>      <fctr>
##   1:        3.5          1.4         0.2    setosa
##   2:        3.0          1.4         0.2    setosa
##   3:        3.2          1.3         0.2    setosa
##   4:        3.1          1.5         0.2    setosa
##   5:        3.6          1.4         0.2    setosa
##  ---
## 146:        3.0          5.2         2.3 virginica
## 147:        2.5          5.0         1.9 virginica
## 148:        3.0          5.2         2.0 virginica
## 149:        3.4          5.4         2.3 virginica
## 150:        3.0          5.1         1.8 virginica
```

# 去除列名称包含"Se"的列
```
iris %>% select_dt(-"Se")
##     Petal.Length Petal.Width    Species
##            <num>       <num>      <fctr>
##   1:         1.4         0.2    setosa
##   2:         1.4         0.2    setosa
##   3:         1.3         0.2    setosa
##   4:         1.5         0.2    setosa
##   5:         1.4         0.2    setosa
##  ---
## 146:         5.2         2.3 virginica
## 147:         5.0         1.9 virginica
## 148:         5.2         2.0 virginica
## 149:         5.4         2.3 virginica
## 150:         5.1         1.8 virginica
```

# 去除数据类型为因子型的列
```
iris %>% select_dt(-is.factor)
##     Sepal.Length Sepal.Width Petal.Length Petal.Width
##            <num>       <num>        <num>       <num>
##   1:         5.1         3.5          1.4         0.2
##   2:         4.9         3.0          1.4         0.2
```

```
##    3:         4.7         3.2          1.3        0.2
##    4:         4.6         3.1          1.5        0.2
##    5:         5.0         3.6          1.4        0.2
##  ---
##  146:         6.7         3.0          5.2        2.3
##  147:         6.3         2.5          5.0        1.9
##  148:         6.5         3.0          5.2        2.0
##  149:         6.2         3.4          5.4        2.3
##  150:         5.9         3.0          5.1        1.8
```

**2. 筛选**

筛选操作就是要把数据框中符合条件的行筛选出来，在 tidyfst 包中可以使用 **filter_dt** 函数实现。例如要筛选 iris 数据框中 Sepal.Length 列大于 7 的条目，可以操作如下。

```
iris %>% filter_dt(Sepal.Length > 7)
##    Sepal.Length Sepal.Width Petal.Length Petal.Width    Species
##         <num>       <num>        <num>       <num>      <fctr>
##  1:       7.1         3.0          5.9        2.1 virginica
##  2:       7.6         3.0          6.6        2.1 virginica
##  3:       7.3         2.9          6.3        1.8 virginica
##  4:       7.2         3.6          6.1        2.5 virginica
##  5:       7.7         3.8          6.7        2.2 virginica
##  6:       7.7         2.6          6.9        2.3 virginica
##  7:       7.7         2.8          6.7        2.0 virginica
##  8:       7.2         3.2          6.0        1.8 virginica
##  9:       7.2         3.0          5.8        1.6 virginica
## 10:       7.4         2.8          6.1        1.9 virginica
## 11:       7.9         3.8          6.4        2.0 virginica
## 12:       7.7         3.0          6.1        2.3 virginica
```

在筛选条件中，可以使用与（&）、或（|）和非（!）3 种逻辑运算符，来表达复杂的条件关系。例如，想要筛选 Sepal.Length 大于 7 且 Sepal.Width 大于 3 的条目，可以操作如下。

```
iris %>% filter_dt(Sepal.Length > 7 & Sepal.Width > 3)
##    Sepal.Length Sepal.Width Petal.Length Petal.Width    Species
##         <num>       <num>        <num>       <num>      <fctr>
##  1:       7.2         3.6          6.1        2.5 virginica
##  2:       7.7         3.8          6.7        2.2 virginica
##  3:       7.2         3.2          6.0        1.8 virginica
##  4:       7.9         3.8          6.4        2.0 virginica
```

**3. 排序**

在数据框的操作中，可以根据一个或多个变量对行进行排序。在 tidyfst 包中，可以利用

arrange_dt 函数对排序进行实现。例如，如果想要根据 Sepal.Length 进行排序，可以操作如下。

```
iris %>% arrange_dt(Sepal.Length)
##      Sepal.Length Sepal.Width Petal.Length Petal.Width   Species
##            <num>       <num>        <num>       <num>    <fctr>
##   1:        4.3         3.0          1.1         0.1     setosa
##   2:        4.4         2.9          1.4         0.2     setosa
##   3:        4.4         3.0          1.3         0.2     setosa
##   4:        4.4         3.2          1.3         0.2     setosa
##   5:        4.5         2.3          1.3         0.3     setosa
##  ---
## 146:        7.7         3.8          6.7         2.2 virginica
## 147:        7.7         2.6          6.9         2.3 virginica
## 148:        7.7         2.8          6.7         2.0 virginica
## 149:        7.7         3.0          6.1         2.3 virginica
## 150:        7.9         3.8          6.4         2.0 virginica
```

从结果中可以获知，默认的排序是升序排列。如果需要降序排列，那么要在变量前面加上负号。

```
iris %>% arrange_dt(-Sepal.Length)
##      Sepal.Length Sepal.Width Petal.Length Petal.Width   Species
##            <num>       <num>        <num>       <num>    <fctr>
##   1:        7.9         3.8          6.4         2.0 virginica
##   2:        7.7         3.8          6.7         2.2 virginica
##   3:        7.7         2.6          6.9         2.3 virginica
##   4:        7.7         2.8          6.7         2.0 virginica
##   5:        7.7         3.0          6.1         2.3 virginica
##  ---
## 146:        4.5         2.3          1.3         0.3     setosa
## 147:        4.4         2.9          1.4         0.2     setosa
## 148:        4.4         3.0          1.3         0.2     setosa
## 149:        4.4         3.2          1.3         0.2     setosa
## 150:        4.3         3.0          1.1         0.1     setosa
```

同时，可以加入多个变量，从而在第一个变量相同的情况下，根据第二个变量进行排列。

```
iris %>% arrange_dt(Sepal.Length,Sepal.Width)
##      Sepal.Length Sepal.Width Petal.Length Petal.Width   Species
##            <num>       <num>        <num>       <num>    <fctr>
##   1:        4.3         3.0          1.1         0.1     setosa
##   2:        4.4         2.9          1.4         0.2     setosa
```

```
## 3:       4.4        3.0        1.3        0.2    setosa
## 4:       4.4        3.2        1.3        0.2    setosa
## 5:       4.5        2.3        1.3        0.3    setosa
## ---
## 146:     7.7        2.6        6.9        2.3 virginica
## 147:     7.7        2.8        6.7        2.0 virginica
## 148:     7.7        3.0        6.1        2.3 virginica
## 149:     7.7        3.8        6.7        2.2 virginica
## 150:     7.9        3.8        6.4        2.0 virginica
```

可以看到，当 Sepal.Length 都等于 4.4 的时候，条目是根据 Sepal.Width 进行升序排列的。

**4. 更新**

此处提到的更新是指对某一列进行数据的更新，或者通过计算获得一个新的数据列。在 tidyfst 包中，可以使用 **mutate_dt** 函数对列进行更新。例如，想要让 iris 数据框中的 Sepal.Length 列全部加 1，具体操作如下。

```
iris %>%
  mutate_dt(Sepal.Length = Sepal.Length + 1)
##      Sepal.Length Sepal.Width Petal.Length Petal.Width   Species
##             <num>       <num>        <num>       <num>    <fctr>
## 1:          6.1         3.5          1.4         0.2    setosa
## 2:          5.9         3.0          1.4         0.2    setosa
## 3:          5.7         3.2          1.3         0.2    setosa
## 4:          5.6         3.1          1.5         0.2    setosa
## 5:          6.0         3.6          1.4         0.2    setosa
## ---
## 146:        7.7         3.0          5.2         2.3 virginica
## 147:        7.3         2.5          5.0         1.9 virginica
## 148:        7.5         3.0          5.2         2.0 virginica
## 149:        7.2         3.4          5.4         2.3 virginica
## 150:        6.9         3.0          5.1         1.8 virginica
```

也可以新增一列，例如要新增一个名称为 one 的列，这一列的数据为常数 1。

```
iris %>% mutate_dt(one = 1)
##      Sepal.Length Sepal.Width Petal.Length Petal.Width   Species   one
##             <num>       <num>        <num>       <num>    <fctr> <num>
## 1:          5.1         3.5          1.4         0.2    setosa     1
## 2:          4.9         3.0          1.4         0.2    setosa     1
## 3:          4.7         3.2          1.3         0.2    setosa     1
## 4:          4.6         3.1          1.5         0.2    setosa     1
## 5:          5.0         3.6          1.4         0.2    setosa     1
## ---
```

```
## 146:          6.7          3.0          5.2          2.3 virginica   1
## 147:          6.3          2.5          5.0          1.9 virginica   1
## 148:          6.5          3.0          5.2          2.0 virginica   1
## 149:          6.2          3.4          5.4          2.3 virginica   1
## 150:          5.9          3.0          5.1          1.8 virginica   1
```

如果我们在更新之后，只想保留更新的那些列，可以使用 **transmute_dt** 函数。

```
iris %>%
  transmute_dt(one = 1,
          Sepal.Length = Sepal.Length + 1)
##        one Sepal.Length
##      <num>      <num>
##   1:    1         6.1
##   2:    1         5.9
##   3:    1         5.7
##   4:    1         5.6
##   5:    1         6.0
## ---
## 146:    1         7.7
## 147:    1         7.3
## 148:    1         7.5
## 149:    1         7.2
## 150:    1         6.9
```

上面的例子中，我们就仅保留了更新后的两列。如果需要分组更新，可以使用 by 参数定义分组信息。例如，我们想要把 iris 数据框中，根据物种进行分组，然后把 Sepal.Length 的平均值求出来，附在名为 "sp_avg_sl" 列中，操作方法如下。

```
iris %>% mutate_dt(sp_avg_sl = mean(Sepal.Length),by = Species)
##        Sepal.Length Sepal.Width Petal.Length Petal.Width   Species sp_avg_sl
##            <num>       <num>        <num>        <num>      <fctr>     <num>
##   1:        5.1         3.5          1.4          0.2     setosa     5.006
##   2:        4.9         3.0          1.4          0.2     setosa     5.006
##   3:        4.7         3.2          1.3          0.2     setosa     5.006
##   4:        4.6         3.1          1.5          0.2     setosa     5.006
##   5:        5.0         3.6          1.4          0.2     setosa     5.006
## ---
## 146:        6.7         3.0          5.2          2.3 virginica     6.588
## 147:        6.3         2.5          5.0          1.9 virginica     6.588
## 148:        6.5         3.0          5.2          2.0 virginica     6.588
## 149:        6.2         3.4          5.4          2.3 virginica     6.588
## 150:        5.9         3.0          5.1          1.8 virginica     6.588
```

**5. 汇总**

汇总，即对一系列数据进行概括的数据操作。求和、求均值、最大值、最小值，均可以视为汇总操作。可以使用 tidyfst 包的 **summarise_dt** 函数实现各类汇总。例如，我们想求 iris 数据框中 Sepal.Length 的均值，可以进行如下操作。

```
iris %>% summarise_dt(avg = mean(Sepal.Length))
##        avg
##       <num>
## 1: 5.843333
```

在上面的操作中，把最终输出的列名称设定为 "avg"。

在实际应用中，往往需要进行分组汇总操作，这可以通过设定 summarise_dt 函数的 by 参数进行实现。例如，想知道每个物种 Sepal.Length 的均值，可以这样操作。

```
iris %>% summarise_dt(avg = mean(Sepal.Length),by = Species)
##       Species   avg
##       <fctr> <num>
## 1:    setosa 5.006
## 2: versicolor 5.936
## 3:  virginica 6.588
```

## 2.5.4  多表操作

在实际工作中，很多时候不仅是要对一个表格进行操作，而是要进行多个表格数据的整合归并。在 tidyfst 的工作流中，有 3 种处理多表操作的模式，包括更新型连接、过滤型连接和集合运算操作，下面一一进行介绍。

**1. 更新型连接**

更新型连接（Mutating joins）是根据两个表格中的共有列进行匹配，然后完成合并的过程，可以分为内连接、外连接、左连接和右连接 4 种。下面，构造一个数据集来对 4 种连接进行说明。

```
library(pacman)
p_load(tidyfst)

df1 = data.frame(CustomerId = c(1:6), Product = c(rep("洗衣机", 3), rep("微波炉", 3)))
df1
##   CustomerId Product
## 1          1  洗衣机
## 2          2  洗衣机
## 3          3  洗衣机
## 4          4  微波炉
## 5          5  微波炉
## 6          6  微波炉
```

```
df2 = data.frame(CustomerId = c(2, 4, 6), Province = c(rep("广东", 2), rep("北京", 1)))
df2
##   CustomerId Province
## 1          2     广东
## 2          4     广东
## 3          6     北京
```

在上面的代码中，构造了两个数据框（df1 和 df2）。其中，df1 中有消费者的 ID 号和他们买了什么产品；df2 中则包含了消费者 ID 号和他们所在的地点（省份）。

（1）内连接操作

内连接又称为自然连接，是根据两个表格某一列或多列共有部分进行连接的过程。以下对之前构造的两个表格进行内连接，可以使用 **inner_join_dt** 函数完成。

```
df1 %>% inner_join_dt(df2)
## Joining by: CustomerId
## Key: <CustomerId>
##   CustomerId Product Province
##        <int>  <char>   <char>
## 1:         2  洗衣机     广东
## 2:         4  微波炉     广东
## 3:         6  微波炉     北京
```

通过上面的结果，我们可以看到，如果没有设定连接的列，inner_join_dt 函数会自动识别两个数据框中的同名列进行匹配。在内连接中，会找到 df1 和 df2 同名列 CustomerId 中完全匹配的条目进行连接。如果希望直接设定合并的列，可以使用 by 参数来特殊指定。

```
df1 %>% inner_join_dt(df2,by = "CustomerId")
## Key: <CustomerId>
##   CustomerId Product Province
##        <int>  <char>   <char>
## 1:         2  洗衣机     广东
## 2:         4  微波炉     广东
## 3:         6  微波炉     北京
```

（2）全连接操作

在进行内连接的时候，不匹配的条目会全部消失。如果想要保留这些条目，可以使用全连接函数 **full_join_dt**，它会保留两个表格中所有的条目，而没有数值的地方，并自动填充缺失值，如下所示。

```
df1 %>% full_join_dt(df2)
## Joining by: CustomerId
## Key: <CustomerId>
##   CustomerId Product Province
##        <int>  <char>   <char>
```

```
## 1:          1 洗衣机    <NA>
## 2:          2 洗衣机    广东
## 3:          3 洗衣机    <NA>
## 4:          4 微波炉    广东
## 5:          5 微波炉    <NA>
## 6:          6 微波炉    北京
```

在上面的结果中，可以看到，在 df2 中没有消费者 1、3、5 的地区数据，因此填充了缺失值 NA。

（3）左连接和右连接

左连接和右连接是互为逆运算的两个操作（左连接函数：**left_join_dt**，右连接函数：**right_join_dt**），左连接会保留左边数据框的所有信息，但是对于右边的数据框，则只有匹配的数据得以保留，不匹配的部分会填入缺失值。下面代码是左连接和右连接的操作演示。

```
df1 %>% left_join_dt(df2)
## Joining by: CustomerId
## Key: <CustomerId>
##    CustomerId Product Province
##         <int>  <char>   <char>
## 1:          1 洗衣机    <NA>
## 2:          2 洗衣机    广东
## 3:          3 洗衣机    <NA>
## 4:          4 微波炉    广东
## 5:          5 微波炉    <NA>
## 6:          6 微波炉    北京
df1 %>% right_join_dt(df2)
## Joining by: CustomerId
## Key: <CustomerId>
##    CustomerId Product Province
##         <int>  <char>   <char>
## 1:          2 洗衣机    广东
## 2:          4 微波炉    广东
## 3:          6 微波炉    北京
```

（4）指定连接表格的共有列

有的时候，需要将两个或以上的列进行连接，可以通过设置 by 参数来完成。下面举例说明。

```
workers = fread("
    name company
    Nick Acme
    John Ajax
    Daniela Ajax
```

```
")

positions = fread("
    name position
    John designer
    Daniela engineer
    Cathie manager
")

positions2 = setNames(positions, c("worker", "position"))

workers
##        name company
##      <char>  <char>
## 1:    Nick    Acme
## 2:    John    Ajax
## 3: Daniela    Ajax
positions2
##      worker position
##      <char>   <char>
## 1:    John designer
## 2: Daniela engineer
## 3:  Cathie  manager
```

在上面的代码中，获得了 workers 和 position2 两个数据框。其中，workers 数据框中的 name 为工人名称，而 position2 数据框中的 worker 列为数据名称，因此两者合并的时候需要根据名称不同的列进行匹配。

```
workers %>% inner_join_dt(positions2, by = c("name" = "worker"))
## Key: <name>
##        name company position
##      <char>  <char>   <char>
## 1: Daniela    Ajax engineer
## 2:    John    Ajax designer
```

得到的结果会保留第一个出现的数据框的名称，即 workers 数据框中的 name，而第二个数据框 position2 的 worker 列则会消失。

2. 过滤型连接

过滤型连接（Filtering joins）是根据两个表格中是否有匹配内容来决定一个表格中的观测是否得以保留的操作，在 tidyfst 包中可以使用 **anti_join_dt** 函数和 **semi_join_dt** 函数实现。其中，anti_join_dt 函数会保留第一个表格有而第二个表格中没有匹配的内容，而 semi_join_dt 函数则会保留第一个表格有且第二个表格也有的内容。但是，第二个表格中非匹配列的其他数据不会并入生成表格中。

```
workers %>% anti_join_dt(positions)
## Joining by: name
##      name company
##    <char>  <char>
## 1:   Nick    Acme
workers %>% semi_join_dt(positions)
## Joining by: name
##      name company
##    <char>  <char>
## 1:   John    Ajax
## 2: Daniela   Ajax
```

3. 集合运算操作

在 R 中，每个向量都可以视为一个集合，基本包提供了 **intersect/union/setdiff** 函数来求集合的交集、并集和补集，并可以使用 **setequal** 函数来查看两个向量是否全等。以下对集合运算做一个简单的操作演示。

```
x = 1:4
y = 3:6

union(x, y) #并集
## [1] 1 2 3 4 5 6
intersect(x, y) #交集
## [1] 3 4
setdiff(x, y) #补集, x 有而 y 没有部分
## [1] 1 2
setdiff(y, x) #补集, y 有而 x 没有部分
## [1] 5 6
setequal(x, y) # x 与 y 是否相等
## [1] FALSE
```

在 tidyfst 中，通过 data.table 包中的集合运算函数，包括 **union_dt**、**intersect_dt**、**setdiff_dt** 和 **setequal_dt**，可以直接对数据框进行对应的集合运算操作。需要注意的是，所求数据框需要有相同的列名称。下面利用 iris 的前 3 列来做一个简单的演示。

```
x = iris[1:2,]
y = iris[2:3,]

union_dt(x, y) #并集
##    Sepal.Length Sepal.Width Petal.Length Petal.Width Species
##           <num>       <num>        <num>       <num>  <fctr>
## 1:          5.1         3.5          1.4         0.2  setosa
## 2:          4.9         3.0          1.4         0.2  setosa
## 3:          4.7         3.2          1.3         0.2  setosa
```

```
intersect_dt(x, y) #交集
##    Sepal.Length Sepal.Width Petal.Length Petal.Width Species
##        <num>        <num>        <num>        <num>   <fctr>
## 1:       4.9           3          1.4          0.2 setosa
setdiff_dt(x, y) #补集，x 有而 y 没有部分
##    Sepal.Length Sepal.Width Petal.Length Petal.Width Species
##        <num>        <num>        <num>        <num>   <fctr>
## 1:       5.1         3.5          1.4          0.2 setosa
setdiff_dt(y, x) #补集，y 有而 x 没有部分
##    Sepal.Length Sepal.Width Petal.Length Petal.Width Species
##        <num>        <num>        <num>        <num>   <fctr>
## 1:       4.7         3.2          1.3          0.2 setosa
setequal_dt(x, y) # x 与 y 是否相等
## [1] FALSE
```

这些函数都有 all 参数，可以调节其对重复值的处理。例如，如果取并集的时候不需要去重，那么可以设置"all = TRUE"。

```
union_dt(x,y,all = TRUE)
##    Sepal.Length Sepal.Width Petal.Length Petal.Width Species
##        <num>        <num>        <num>        <num>   <fctr>
## 1:       5.1         3.5          1.4          0.2 setosa
## 2:       4.9         3.0          1.4          0.2 setosa
## 3:       4.9         3.0          1.4          0.2 setosa
## 4:       4.7         3.2          1.3          0.2 setosa
```

### 2.5.5　缺失值处理

在数据处理的时候，难免会遇到数据集包含缺失值的情况。这有可能是因为人工失误引起的，也可能是系统故障导致的。根据缺失值分布的特征，通常可以把缺失情况分为 3 类：完全随机缺失（Missing Completely At Random，MCAR）、随机缺失（Missing At Random，MAR）、非随机缺失（Missing Not At Random，MNAR）。常常需要根据数据缺失的分布特征，来推断数据缺失的真实原因，从而考虑如何处理这些缺失值。一般而言，缺失值的处理有 3 种手段：删除、替换、插值。下面，将会介绍如何利用 tidyfst 包在 R 中实现这 3 种缺失值处理。

**1. 缺失值删除**

删除缺失值可能是缺失值处理中最为简单粗暴的方法，在样本量非常大的时候，直接删除缺失值往往对结果影响不大，而实现的成本又较低。在 tidyfst 包中，有 3 个函数能够对包含缺失值的数据进行直接删除。

- **drop_na_dt**：行删除操作，如果一列或多列中包含任意缺失值，对整行进行删除。
- **delete_na_cols**：列删除操作，如果数据框中任意列的缺失值比例或数量超过一个阈

值，则将整个列删除掉。

- **delete_na_rows**：行删除操作，如果数据框中任意行的缺失值比例或数量超过一个阈值，则将整个列删除掉。

下面举例演示缺失值删除的操作。首先要构建一个缺失值数据框。

```
library(pacman)
p_load(tidyfst)

df <- data.frame(col1 = c(1:3, NA),
                 col2 = c("this", NA,NA, "text"),
                 col3 = c(TRUE, FALSE, TRUE, TRUE),
                 col4 = c(NA, NA, 3.2, NA))


df
##   col1 col2  col3 col4
## 1    1 this  TRUE   NA
## 2    2 <NA> FALSE   NA
## 3    3 <NA>  TRUE  3.2
## 4   NA text  TRUE   NA
```

所构造的数据框中，第一、二、三、四列分别有 1、2、0 和 3 个缺失值。如果想要删除 col2 中包含缺失值的条目，可以使用 **drop_na_dt** 函数。

```
df %>% drop_na_dt(col2)
##      col1   col2   col3  col4
##    <int> <char> <lgcl> <num>
## 1:     1   this   TRUE    NA
## 2:    NA   text   TRUE    NA
```

如果想要删除缺失值大于等于 2 个或缺失比例大于等于 50%的列，则可以操作如下。

```
# 删除缺失值大于等于 2 个的列
df %>% delete_na_cols(n = 2)
##      col1   col3
##    <int> <lgcl>
## 1:     1   TRUE
## 2:     2  FALSE
## 3:     3   TRUE
## 4:    NA   TRUE
# 删除缺失比例大于等于 50%的列
df %>% delete_na_cols(prop = 0.5)
##      col1   col3
##    <int> <lgcl>
## 1:     1   TRUE
```

```
## 2:     2  FALSE
## 3:     3  TRUE
## 4:    NA  TRUE
```

如果想要删除缺失值大于等于 2 个或缺失比例大于等于 50%的行，则可以操作如下。

```
# 删除缺失值大于等于 2 个的行
df %>% delete_na_rows(n = 2)
##      col1   col2   col3  col4
##     <int> <char> <lgcl> <num>
## 1:     1   this   TRUE    NA
## 2:     3   <NA>   TRUE   3.2
# 删除缺失比例大于等于 50%的行
df %>% delete_na_rows(prop = 0.5)
##      col1   col2   col3  col4
##     <int> <char> <lgcl> <num>
## 1:     1   this   TRUE    NA
## 2:     3   <NA>   TRUE   3.2
```

**2. 缺失值替换**

缺失值替换就是把缺失的部分用指定数据进行替代的过程，在 tidyfst 中可以使用 **replace_na_dt** 函数进行实现。例如，要将上面所构造数据框的 col1 列缺失值替换为 -99，可以操作如下。

```
df %>%
  replace_na_dt(col1,to = -99)
##      col1   col2   col3  col4
##     <int> <char> <lgcl> <num>
## 1:     1   this   TRUE    NA
## 2:     2   <NA>  FALSE    NA
## 3:     3   <NA>   TRUE   3.2
## 4:   -99   text   TRUE    NA
```

也可以同时对 col1 和 col4 同时进行这项操作，如下所示。

```
df %>%
  replace_na_dt(col1,col4,to = -99)
##      col1   col2   col3  col4
##     <int> <char> <lgcl> <num>
## 1:     1   this   TRUE -99.0
## 2:     2   <NA>  FALSE -99.0
## 3:     3   <NA>   TRUE   3.2
## 4:   -99   text   TRUE -99.0
```

如果不设定替换列，则默认替换所有的列。但需要注意的是，每一个列的类型都不一样，因此在替换的时候需要保证替换列数据类型的一致性。

```
df %>%
  mutate_vars(.func = as.character) %>% #将有所列转化为字符型
  replace_na_dt(to = "missing") #将缺失值替换为"missing"
##      col1   col2   col3   col4
##     <char> <char> <char> <char>
## 1:      1    this   TRUE missing
## 2:      2 missing  FALSE missing
## 3:      3 missing   TRUE     3.2
## 4: missing   text   TRUE missing
```

**3. 缺失值插值**

与替换不同，缺失值的插值需要根据列中数据的关系来对要插入的值进行一定的计算，然后再填入到缺失的部分。在 tidyfst 包中，可以完成插值的函数包括。

● **fill_na_dt**：把缺失值替换为其最临近的上一个或下一个观测值。
● **impute_dt**：根据列汇总数据（平均值、中位数、众数或其他）来对缺失值进行插补。
以下是 fill_na_dt 的操作演示，它的原理非常简单。

```
# 对 col2 向下进行插补
df %>% fill_na_dt(col2)
##     col1  col2  col3 col4
##    <int> <char> <lgcl> <num>
## 1:    1  this   TRUE   NA
## 2:    2  this  FALSE   NA
## 3:    3  this   TRUE  3.2
## 4:   NA  text   TRUE   NA
# 对 col2 向上进行插补
df %>% fill_na_dt(col2,direction = "up")
##     col1  col2  col3 col4
##    <int> <char> <lgcl> <num>
## 1:    1  this   TRUE   NA
## 2:    2  text  FALSE   NA
## 3:    3  text   TRUE  3.2
## 4:   NA  text   TRUE   NA
# 对数值型列进行向下插补
df %>% fill_na_dt(is.numeric)
##     col1  col2  col3 col4
##    <int> <char> <lgcl> <num>
## 1:    1  this   TRUE   NA
## 2:    2  <NA>  FALSE   NA
## 3:    3  <NA>   TRUE  3.2
## 4:    3  text   TRUE  3.2
# 对所有列进行向上插补
```

```
df %>% fill_na_dt(direction = "up")
##     col1   col2   col3   col4
##    <int> <char> <lgcl>  <num>
## 1:    1   this   TRUE    3.2
## 2:    2   text  FALSE    3.2
## 3:    3   text   TRUE    3.2
## 4:   NA   text   TRUE     NA
```

有的时候，会希望用均值来对数值型的变量进行插值，可以操作如下。

```
df %>% impute_dt(is.numeric,.func = "mean")
##     col1   col2   col3   col4
##    <num> <char> <lgcl>  <num>
## 1:    1   this   TRUE    3.2
## 2:    2   <NA>  FALSE    3.2
## 3:    3   <NA>   TRUE    3.2
## 4:    2   text   TRUE    3.2
```

如果把.func 设置为"mode"和"median"，就可以分别利用其众数和中位数进行插值。在此不再专门说明，读者可以自行操作。

## 2.5.6 长宽数据转换

表格的长宽转换是一个经典的数据操作，它可以自由地改变二维表的结构。例如对于 iris 数据框，可以将其转化为任意的其他结构。下面我们给每一朵花都进行编号，然后直接转为长表格式，如下所示。

```
library(pacman)
p_load(tidyfst)

iris %>%
  mutate_vars(.func = as.character) %>%  #所有数据使用字符型
  mutate_dt(id = 1:.N) %>%  # 给每一朵花进行编号
  longer_dt(id) # 以编号 id 作为分组变量，转化为长表
##        id      name     value
##     <int>    <fctr>    <char>
##   1:    1 Sepal.Length    5.1
##   2:    2 Sepal.Length    4.9
##   3:    3 Sepal.Length    4.7
##   4:    4 Sepal.Length    4.6
##   5:    5 Sepal.Length      5
## ---
## 746:  146  Species virginica
## 747:  147  Species virginica
## 748:  148  Species virginica
```

```
## 749:    149    Species virginica
## 750:    150    Species virginica
```

在输出的结果中，可以看到 3 列，分别为 id、name 和 value。以第一行为例，它表示 id 为 1 的花朵的 Sepal.Length 属性值为 5.1。这种长宽变换能够让我们自如地对数据框结构进行重塑，从而获得满足分析要求的数据结构。

1. 宽表转长表

在 tidyfst 包中，可以使用 **longer_dt** 函数来把宽表转化为长表，需要定义的核心参数是数据框和分组列。分组列就是不参与长宽变换的列，而其他列名称将会统统聚合起来成为一列。下面我们进行一个简单的演示。首先进行数据准备。如下所示，这是一个 10 行 4 列的数据框，一列为时间 time，其余 3 列为数值列。

```
stocks = data.frame(
  time = as.Date('2009-01-01') + 0:9,
  X = rnorm(10, 0, 1),
  Y = rnorm(10, 0, 2),
  Z = rnorm(10, 0, 4)
)

stocks
##         time          X          Y          Z
## 1  2009-01-01  1.14905267 -3.2303844 -1.2207267
## 2  2009-01-02 -1.17049615 -0.6171676 -0.5367460
## 3  2009-01-03 -2.08248846  0.9830049  3.4206699
## 4  2009-01-04 -0.39455155 -0.1739415  1.9936009
## 5  2009-01-05  0.06046729 -0.7457437 -1.1631483
## 6  2009-01-06 -0.48025707 -0.1009673  0.9215273
## 7  2009-01-07  0.73553308  1.2102796 -5.3421046
## 8  2009-01-08 -0.30863147  2.8995138  1.4290375
## 9  2009-01-09 -0.47401675 -2.1620582 -4.9192656
## 10 2009-01-10  1.71534122  2.2851420 -2.4727880
```

接下来，我们要使用 **longer_dt** 函数把它转化为长表。

```
stocks %>%
  longer_dt(time) -> longer_table

longer_table
##         time   name       value
##       <Date> <fctr>       <num>
## 1: 2009-01-01      X  1.14905267
## 2: 2009-01-02      X -1.17049615
## 3: 2009-01-03      X -2.08248846
```

```
##  4: 2009-01-04      X -0.39455155
##  5: 2009-01-05      X  0.06046729
##  6: 2009-01-06      X -0.48025707
##  7: 2009-01-07      X  0.73553308
##  8: 2009-01-08      X -0.30863147
##  9: 2009-01-09      X -0.47401675
## 10: 2009-01-10      X  1.71534122
## 11: 2009-01-01      Y -3.23038445
## 12: 2009-01-02      Y -0.61716760
## 13: 2009-01-03      Y  0.98300494
## 14: 2009-01-04      Y -0.17394153
## 15: 2009-01-05      Y -0.74574371
## 16: 2009-01-06      Y -0.10096727
## 17: 2009-01-07      Y  1.21027960
## 18: 2009-01-08      Y  2.89951375
## 19: 2009-01-09      Y -2.16205822
## 20: 2009-01-10      Y  2.28514196
## 21: 2009-01-01      Z -1.22072669
## 22: 2009-01-02      Z -0.53674597
## 23: 2009-01-03      Z  3.42066993
## 24: 2009-01-04      Z  1.99360094
## 25: 2009-01-05      Z -1.16314831
## 26: 2009-01-06      Z  0.92152735
## 27: 2009-01-07      Z -5.34210461
## 28: 2009-01-08      Z  1.42903746
## 29: 2009-01-09      Z -4.91926563
## 30: 2009-01-10      Z -2.47278798
##          time   name       value
```

可以发现，列名称 X、Y、Z 都在 name 列中，其值则在 value 列中。这些列名称可以通过更改 name 和 value 参数重新被定义，如下所示。

```
stocks %>%
  longer_dt(time,
         name = "var",
         value = "val")
##          time   var       val
##        <Date> <fctr>     <num>
## 1: 2009-01-01      X  1.14905267
## 2: 2009-01-02      X -1.17049615
## 3: 2009-01-03      X -2.08248846
## 4: 2009-01-04      X -0.39455155
## 5: 2009-01-05      X  0.06046729
## 6: 2009-01-06      X -0.48025707
```

```
## 7:   2009-01-07    X  0.73553308
## 8:   2009-01-08    X -0.30863147
## 9:   2009-01-09    X -0.47401675
## 10:  2009-01-10    X  1.71534122
## 11:  2009-01-01    Y -3.23038445
## 12:  2009-01-02    Y -0.61716760
## 13:  2009-01-03    Y  0.98300494
## 14:  2009-01-04    Y -0.17394153
## 15:  2009-01-05    Y -0.74574371
## 16:  2009-01-06    Y -0.10096727
## 17:  2009-01-07    Y  1.21027960
## 18:  2009-01-08    Y  2.89951375
## 19:  2009-01-09    Y -2.16205822
## 20:  2009-01-10    Y  2.28514196
## 21:  2009-01-01    Z -1.22072669
## 22:  2009-01-02    Z -0.53674597
## 23:  2009-01-03    Z  3.42066993
## 24:  2009-01-04    Z  1.99360094
## 25:  2009-01-05    Z -1.16314831
## 26:  2009-01-06    Z  0.92152735
## 27:  2009-01-07    Z -5.34210461
## 28:  2009-01-08    Z  1.42903746
## 29:  2009-01-09    Z -4.91926563
## 30:  2009-01-10    Z -2.47278798
##            time   var       val
```

**2. 长表转宽表**

实现长表转为宽表的函数为 **wider_dt**。长表转为宽表是宽表转长表的逆运算，因此需要定义的核心参数也有相仿之处，需要知道数据框、分组列的信息，同时需要知道名称列（name）和数值列（value）分别来自哪里。以上面生成的 longer_table 为例，尝试把它进行还原，具体操作如下。

```
longer_table
##            time   name      value
##          <Date> <fctr>      <num>
## 1:   2009-01-01      X  1.14905267
## 2:   2009-01-02      X -1.17049615
## 3:   2009-01-03      X -2.08248846
## 4:   2009-01-04      X -0.39455155
## 5:   2009-01-05      X  0.06046729
## 6:   2009-01-06      X -0.48025707
## 7:   2009-01-07      X  0.73553308
## 8:   2009-01-08      X -0.30863147
## 9:   2009-01-09      X -0.47401675
```

```
## 10: 2009-01-10    X   1.71534122
## 11: 2009-01-01    Y  -3.23038445
## 12: 2009-01-02    Y  -0.61716760
## 13: 2009-01-03    Y   0.98300494
## 14: 2009-01-04    Y  -0.17394153
## 15: 2009-01-05    Y  -0.74574371
## 16: 2009-01-06    Y  -0.10096727
## 17: 2009-01-07    Y   1.21027960
## 18: 2009-01-08    Y   2.89951375
## 19: 2009-01-09    Y  -2.16205822
## 20: 2009-01-10    Y   2.28514196
## 21: 2009-01-01    Z  -1.22072669
## 22: 2009-01-02    Z  -0.53674597
## 23: 2009-01-03    Z   3.42066993
## 24: 2009-01-04    Z   1.99360094
## 25: 2009-01-05    Z  -1.16314831
## 26: 2009-01-06    Z   0.92152735
## 27: 2009-01-07    Z  -5.34210461
## 28: 2009-01-08    Z   1.42903746
## 29: 2009-01-09    Z  -4.91926563
## 30: 2009-01-10    Z  -2.47278798
##            time     name       value
longer_table %>%
  wider_dt(time,name = "name",value = "value")
## Key: <time>
##            time          X           Y           Z
##          <Date>      <num>       <num>       <num>
##  1: 2009-01-01  1.14905267  -3.2303844  -1.2207267
##  2: 2009-01-02 -1.17049615  -0.6171676  -0.5367460
##  3: 2009-01-03 -2.08248846   0.9830049   3.4206699
##  4: 2009-01-04 -0.39455155  -0.1739415   1.9936009
##  5: 2009-01-05  0.06046729  -0.7457437  -1.1631483
##  6: 2009-01-06 -0.48025707  -0.1009673   0.9215273
##  7: 2009-01-07  0.73553308   1.2102796  -5.3421046
##  8: 2009-01-08 -0.30863147   2.8995138   1.4290375
##  9: 2009-01-09 -0.47401675  -2.1620582  -4.9192656
## 10: 2009-01-10  1.71534122   2.2851420  -2.4727880
```

在上面的代码中，把 time 定义为分组列，然后以字符形式来定义哪一列是名称列，哪一列是数值列。在宽表转长表的时候，name 和 value 如果不自定义，就会自动给名称列命名为"name"，给数值列命名为"value"；但是在长表转为宽表的时候，则必须手动进行定义，否则计算机无法自动识别。

第 **3** 章

# 从基础做起 **1**——字符串的基本处理

**本章概述：**

我们已经知道 R 语言中有字符型的数据结构，字符串是指由多个单字符构成的长文本，这种非结构化的数据结构中往往包含着价值。本章将会阐述如何在 R 中对这些字符串进行基本的清洗与统计，主要使用 stringr 包中的函数。学习完本章后，读者将会习得如何对字符串进行拼接、拆分、计数等基本操作，从而为后面学习更加高级的文本分析实现奠定基础。在学习本章之前，需要先加载 stringr 包，这个包是 tidyverse 包的一部分，直接加载 tidyverse 包即可。

```
library(pacman)
p_load(tidyverse)
```

## 3.1 字符串的构造

在 R 中，要根据自己的需要建立字符串非常简单，只要把创建的内容放在双引号（""）或单引号（""）内即可。下面用中英文各自构造一段字符串，并分别保存在 cn_string 和 en_string 两个变量中。

```
cn_string = "上海自来水来自海上，山西煤运车煤运西山"
en_string = "Heave is a place nearby, so there's not need to say goodbye."
```

**注意：** 上面中文的标点符号与英文的标点符号是不一样的。中文句号为空心圆点（"。"），而英文则为实心（"."）。逗号看起来也许没有明显区别，但是其实它们并不是同样的符号，可以把中文符号与英文符号进行对比验证。

```
"，" == ","  #左为中文逗号，右为英文逗号，判断是否相等
## [1] FALSE
```

两者相等的论断是错误的，即两者不相等。如果需要构造重复的字符串，可以使用

str_dup 函数，其中的 time 参数可以控制重复的次数，如下所示。

```
str_dup("爸",time = 2)
## [1] "爸爸"
str_dup("爸",time = 4)
## [1] "爸爸爸爸"
```

## 3.2  字符串的辨识、计数与定位

在 3.1 节中构造了 cn_string 这个字符串变量，内容为"上海自来水来自海上，山西煤运车煤运西山"。现在要解决以下 3 个问题。

● "山"在这个字符串中有没有出现；
● "山"在这个字符串中出现了几次；
● "山"在这个字符串中什么位置出现了。

下面利用 stringr 包中的函数（**str_detect/str_count/str_locate**）一一解决上述 3 个问题。

**1. 字符串是否出现**

判别一个字符或者一段字符在该字符串中是否出现，可以采用 **str_detect** 函数实现。返回值是一个逻辑性变量，告诉用户要判别的内容出现了还是没有出现。TRUE 表示出现，FALSE 表示没出现，如下所示。

```
str_detect(cn_string,"山")
## [1] TRUE

str_detect(cn_string,"山东")
## [1] FALSE
```

结果显示，"上海自来水来自海上，山西煤运车煤运西山"中出现了"山"字，没有出现"山东"这个两字词语。

**2. 字符串出现了几次**

使用 **str_count** 函数可以直接查看某字符或字符串在目标字符串中出现的次数，以下代码可查看"山"在"上海自来水来自海上，山西煤运车煤运西山"一共出现了几次。结果显示，"山"字共出现了两次。

```
str_count(cn_string,"山")
## [1] 2
```

如果查看的词在字符串中没有出现，那么就会返回 0，如下所示。

```
str_count(cn_string,"山东")
## [1] 0
```

如果要查询整个字符串的长度，则可以使用 **str_length** 函数进行查询。

```
str_length(cn_string)
## [1] 19
```

**3．字符串在何处出现**

要知道"山"在"上海自来水来自海上，山西煤运车煤运西山"这个字符串中具体什么位置出现，可以使用 **str_locate** 函数。这个函数会对第一个"山"出现的位置进行定位，如下所示。

```
str_locate(cn_string,"山")
##      start end
## [1,]   11  11
```

以上结果返回了"山"这个字符的起始位置（对于单字来说，起始位置是一样的）。如果想知道"山西"的位置，则可以这样操作。

```
str_locate(cn_string,"山西")
##      start end
## [1,]   11  12
```

以上结果表示，"山西"这个词出现在字符串第 11 到 12 的位置。事实上"山"在字符串中出现了两次，如果要对两个"山"都进行定位，可以使用 **str_locate_all** 函数。

```
str_locate_all(cn_string,"山")
## [[1]]
##      start end
## [1,]   11  11
## [2,]   19  19
```

这里有一点需要注意，返回值是一个列表，而列表中所装的是一个二维数组。了解返回值的数据结构对未来的文本数据批处理具有重要意义。

## 3.3　字符串的提取

对于特定字符串的提取，有两种方式：一种是根据字符串所在位置进行提取，可以用 **str_sub** 函数实现；另一种是根据字符串的内容进行提取，可以使用 **str_extract** 函数实现。下面进行分别介绍。

**1．根据字符串位置信息进行提取**

如果我们现在要提取"上海自来水来自海上，山西煤运车煤运西山"中第 1 到 5 个字符，那么可以使用 str_sub 函数实现。

```
str_sub(cn_string,1,5)
## [1] "上海自来水"
```

这样就把"上海自来水"提取了出来。其实，函数中的 1 和 5 分别传递给了 start 和 end 两个参数，一个表示起始位置，一个表示终点位置。起始位置和终点位置可以有负值，代表终结点在倒数第几个字符，例如我们要提取倒数 4 个字符。

```
str_sub(cn_string,start = -4,end = -1)
## [1] "煤运西山"
```

这样我们就将起始位置放在了倒数第四，终点位置放在了倒数第一，把最后的 4 个字符提取了出来。

**2. 根据字符串内容进行提取**

除了按照位置信息进行提取之外，还能够直接按照内容特征进行提取。例如把"山西"提取出来，可以用 str_extract 函数实现。

```
str_extract(cn_string,"山西")
## [1] "山西"
```

如果提取值不在，则会返回缺失值 NA。

```
str_extract(cn_string,"山东")
## [1] NA
```

这种提取方式仿佛是在识别字符串中是否包含相关子串，在学习了正则表达式之后，就能够根据字符特征来进行提取，这样将会给这个函数赋予特殊的意义，从而有效发挥它的功能。正则表达式的使用将会在下一章节中介绍。

## 3.4  字符串的定制化输出

字符串这种数据往往是非结构化的，因此在实际工作中往往要对其进行一定的调整才能够使用，下面将介绍几种常见的字符串定制化输出，包括大小写转化、空格的补全与缩减等。

**1. 字符串大小写转换**

实现字符串大小写转换的函数包括 **str_to_lower/str_to_upper/str_to_title/str_to_sentence**。英文字母需要区分大小写，但是很多场景下一些问题是大小写不敏感的，因此可能需要统一。str_to_lower 函数和 str_to_upper 函数能够分别把英文字符串统一转换为小写格式和大写格式：

```
str_to_lower(en_string)
## [1] "heave is a place nearby, so there's not need to say goodbye."
str_to_upper(en_string)
## [1] "HEAVE IS A PLACE NEARBY, SO THERE'S NOT NEED TO SAY GOODBYE."
```

标点符号没有大小写之分，因此不会进行转换。还有一种转换方法叫作"标题转换"，能够将所有单词的首字母改为大写，但是其他部分则转为小写格式，如下所示。

```
str_to_title("aHa,gOOD!")
## [1] "Aha,Good!"
```

可以看出，所有单词的首字母都转化为大写，其余则转化为了小写形式。

最后介绍让英文符合句子中的转化函数 str_to_sentence，它能够把所有内容按照正常句子的形式输出，如下所示。

```
str_to_sentence("aHa,gOOD!")
## [1] "Aha,good!"
```

因为两个单词中间是逗号，因此第二个单词是小写，完全符合英文中句子的格式。

**2．指定字符串的输出长度**

指定字符串输出长度的函数包括 **str_pad/str_trunc**。字符串的长短不一，但是有的时候输出的字符串需要指定固定的长度。如果字符串短了，则需要补充其他字符；如果字符串长了，则需要截断。在补全的过程中，一般会使用空格进行填充。例如在一个长度为 30 的框中，要将文字内容居中，就可以使用 str_pad 函数实现，如下所示。

```
str_pad("HOPE",30,side = "both")
## [1] "             HOPE              "
```

首先，函数保证输出的字符串长度为 30，而把 side 设定为"both"则表示在目标字符串"HOPE"两侧补空格。如果需要让"HOPE"靠左侧或者右侧，可以把 side 参数分别设置为"left"或"right"，如下所示。

```
str_pad("HOPE",30,side = "left")
## [1] "                          HOPE"
str_pad("HOPE",30,side = "right")
## [1] "HOPE                          "
```

补全过程中也可以不用空格，而采用其他符号进行填充，例如下面用井号（"#"）进行填充。

```
str_pad("HOPE",30,side = "both",pad = "#")
## [1] "#############HOPE#############"
```

这样，两侧的空格就全部变为井号，长度依然是 30。如果字符太长，需要截断，一般用省略号进行替代。例如我们前面保存在 en_string 中的英文句子，如果只能够显示 30 个字符，那么可以用 str_trunc 函数进行截断。

```
str_trunc(en_string,width = 30)
## [1] "Heave is a place nearby, so..."
```

最后能够保证字符串的长度依然是 30，但是只有前 27 个字符是原来的句子成分，最后以 3 个句点构成的省略号进行截断。默认是截断后方的内容，其实也可以对前面内容进行截断。

```
str_trunc(en_string,width = 30,side = "left")
## [1] "...'s not need to say goodbye."
```

截断的符号也可以通过 ellipsis 参数进行设定，例如我们使用"!!!"作为末尾的截断。

```
str_trunc(en_string,width = 30,side = "right",ellipsis = "!!!")
## [1] "Heave is a place nearby, so!!!"
```

### 3. 空格转换（str_trim/str_squish）

在文本数据挖掘的时候，空格往往是不提供额外信息的。如果一个字符串左边或右边有大量的空格，那么就可以直接去除掉。**str_trim** 函数能够把任意字符两边所存在的空格全部清除掉。

```
str_trim("  Hope  ")
## [1] "Hope"
```

如果只想清除左边的空格，可以将 side 参数设定为"left"。

```
str_trim("  Hope  ",side = "left")
## [1] "Hope  "
```

此外，如果空格不在两端，一般不会进行处理。但是实际工作中发现有的空格在行文之间具有很大的长度，因此还需要进行特殊处理。**str_squish** 函数就可以做到这一点，它不仅能够把两端的空格全部清除掉，还能够把任意长度大于 1 的空格都缩减为长度为 1 的空格，如下所示。

```
str_squish(" Are  you   all   right? ")
## [1] "Are you all right?"
```

## 3.5  字符串的替换与删除

对指定的字符替换成另一个字符，是一个非常常用的功能，可以使用 **str_replace** 函数实现。例如我们需要把"上海自来水来自海上，山西煤运车煤运西山"中的"西"字换为"东"字，具体操作如下。

```
str_replace(cn_string,"西","东")
## [1] "上海自来水来自海上，山东煤运车煤运西山"
```

可以发现，只有第一个"西"变成了"东"，如果要替换所有的"西"，需要使用 **str_replace_all** 函数实现。

```
str_replace_all(cn_string,"西","东")
## [1] "上海自来水来自海上，山东煤运车煤运东山"
```

事实上，如果把特定字符替换为空字符（""），那么就等同于删除操作。删除可以使用 **str_remove** 函数和 **str_remove_all** 函数实现，前者只会删除第一个出现的特定字符，后者则会删除全部特定字符，如下所示。

```
str_remove(cn_string,"西")
## [1] "上海自来水来自海上，山煤运车煤运西山"
str_remove_all(cn_string,"西")
## [1] "上海自来水来自海上，山煤运车煤运山"
```

## 3.6　字符串的拼接与拆分

把两个甚至多个字符串合在一起，称之为字符串的拼接，在 R 中可以使用 **str_c** 函数实现，如下所示。

```
str_c("锄禾","日当午")
## [1] "锄禾日当午"
```

如果拼接字符串之间要加入间隔，可以使用 sep 参数。

```
# 让两个字符串之间加入逗号
str_c("锄禾日当午","汗滴禾下土",sep = ",")
## [1] "锄禾日当午,汗滴禾下土"
```

拆分是拼接的逆运算，可以使用 **str_split** 函数进行实现，其中拆分规则用 pattern 参数进行定义。例如对"锄禾日当午，汗滴禾下土"进行拆分，逗号左边为一部分，右边为另一部分，代码如下所示。

```
str_split("锄禾日当午,汗滴禾下土",pattern = ",")
## [[1]]
## [1] "锄禾日当午" "汗滴禾下土"
```

可见，只需一步操作就拆好了。但是需要注意的是，返回值为一个列表。如果需要获得非列表的结果，可以使用 **unlist** 函数实现。

```
str_split("锄禾日当午,汗滴禾下土",pattern = ",") %>% unlist
## [1] "锄禾日当午" "汗滴禾下土"
```

## 3.7　字符串的排序

字符作为一种非数值型的数据格式，是无法进行加减乘除的，但是却可以用来比较。这是因为，每一个字符都有自身对应的一个 ASCII 码，而这个 ASCII 码是可以比较的。因此在

R 环境中，如果对字符进行加减乘除会报错，但是将它们相互之间进行比较是没有问题的。
下面尝试比较一下"a"与"b"的大小。

```
"a" == "a"
## [1] TRUE
"a" == "b"
## [1] FALSE
"a" > "b"
## [1] FALSE
"a" < "b"
## [1] TRUE
```

根据以上结果可以判断，"a"的 ASCII 码是小于"b"的。对于长度大于 1 的字符串的
比较，两者会先比较第一个字符的大小，如果已见分晓，就停止；如果两者相等，就再比较
下一个字符，如下所示。

```
"aaa" > "aab"
## [1] FALSE
```

因为两个字符前两个都是一样的，因此比较各自的第三个字符"a"和"b"，因此这里
的结果与"a">"b"是一样的。既然有大小之分，就可以进行常规的排序。str_sort 函数能
够对字符向量进行排序，如下所示。

```
c("d","a","c","b") %>%
  str_sort()
## [1] "a" "b" "c" "d"
```

得到的结果就是 ASCII 码从小到大排列的字母。如果需要倒序排列，可以把 decreasing
参数设置为 TRUE 即可，如下所示。

```
c("d","a","c","b") %>%
  str_sort(decreasing = TRUE)
## [1] "d" "c" "b" "a"
```

# 第4章

# 从基础做起 2——用好正则表达式

**本章概述:**

本章将会结合实例,介绍文本数据挖掘的另一种基本方法——正则表达式的使用,包括通配符的使用、字符的分组与反向引用、简写字符集、零宽断言等内容。

正则表达式,英文全称为 "Regular Expression",是一组由字母和符号构成的特殊文本形式,利用这种符号形式能够从文本中提取出特定格式的内容。在第 3 章中提到的 stringr 包中的 str_extract 函数,它能够进行基础的匹配,如下所示。

```
library(pacman)
p_load(tidyverse)

str_extract("I love R.",pattern = "R")
## [1] "R"
```

这里 pattern 参数放入了一个字符,因此最终也提取了一个字符。其实 pattern 参数能够接受一个正则表达式,从而对所有符合一定规则的字符串都提取出来。与 3.5 节中提到的 str_remove 和 str_replace 相似,str_extract 函数也有一个变式,即 **str_extract_all** 函数,可以在特定文本中提取所有符合正则表达式规则的所有字符串。本章将会以 str_extract_all 作为核心函数,讲解如何在不同的文本中提取特定规则的字符串。但是因为 str_extract_all 函数会返回一个列表,因此在所有函数中最后我们都会用 **unlist** 函数去列表化。

## 4.1 通配符解析

通配符是一种特殊的语句,有时候又被称为元字符,包括星号(*)、问号(?)等。它们不代表自身的字面意思,而是有着特殊的含义,能够匹配一大类的具有某种特征的字符串。一些常用的通配符如表 4.1 所示。

表 4.1　通配符概述

| 通　配　符 | 通配符描述 |
|---|---|
| . | 句号匹配任意除了换行符之外的单个字符 |
| [ ] | 匹配方括号内的任意字符 |
| [^] | 匹配除了方括号里的任意字符 |
| * | 匹配>=0 个重复的在*号之前的字符 |
| + | 匹配>=1 个重复的+号前的字符 |
| ? | 标记?之前的字符为可选 |
| {n,m} | 匹配 num 个大括号之间的字符 (n <= num <= m). |
| (xyz) | 字符集，匹配与 xyz 完全相等的字符串 |
| \| | 或运算符，匹配符号前或后的字符 |
| \ | 转义字符,用于匹配一些保留的字符<U+00A0>[ ] ( ) { } . * + ? ^ $ \| |
| ^ | 从开始位置匹配 |
| $ | 从末端位置匹配 |

下面将对上面提到的通配符一一举例说明，从而让 R 用户能够方便地从字符串中提取固定特征的子串。

### 4.1.1　点运算符（"."）

点运算符（"."），其形式是英文中的句号，它能够匹配任意单个字符，但是不会匹配换行符。例如一句话为 "The car parked in the garage."，如果需要从这个句子中提取任意的 ".ar" 特征，可以这么操作如下。

```
str_extract_all("The car parked in the garage.",".ar") %>%
  unlist
## [1] "car" "par" "gar"
```

如结果所示，所有以 "ar" 和它的前一个字符都被匹配了出来。

### 4.1.2　字符集（"[]"）

字符集有时候又被称为字符类，可以用一个方括号来进行指定，所指定的可以是特定字符，也可以是一个范围。还用刚才的例子，如要指定特定字符，把句子中的 "The" 和 "the" 都匹配出来，可以这样实现。

```
str_extract_all("The car parked in the garage.","[Tt]he") %>%
  unlist
## [1] "The" "the"
```

事实上，"[Tt]he"还可以写成"[T|t]he"，这样更为直观一些，而效果是一样的。

```
str_extract_all("The car parked in the garage.","[T|t]he") %>%
  unlist
## [1] "The" "the"
```

此外，还可以指定特定的范围，例如要匹配所有数字，可以使用"[0-9]"作为正则表达式，如下所示。

```
str_extract_all("I have 1 apple and you have 2.","[0-9]") %>%
  unlist
## [1] "1" "2"
```

如果要匹配小写字母，可以用"[a-z]"；匹配大写字母，可以使用"[A-Z]"。方括号还能够用来匹配保留字符，例如句子中的句号，如下所示。

```
str_extract_all("I have 1 apple and you have 2.","[.]") %>%
  unlist
## [1] "."
```

这样就可以成为匹配转义字符的一种形式，R 中的转义字符（"\\"）会在后面继续进行说明。

## 4.1.3　否定字符集（"[^]"）

一般而言，"^"表示一个字符串开头的位置，但是放在一个方括号中开头位置的时候，它表示字符集的否定集。例如"[^c]ar"能够匹配后面为"ar"、但前面不为"c"的 3 个连续字符，如下所示。

```
str_extract_all("The car parked in the garage.","[^c]ar") %>%
  unlist
## [1] "par" "gar"
```

## 4.1.4　出现 0 次或更多（"*"）

通配符"*"能够匹配在星号之前出现大于等于 0 次的字符。例如，要匹配句子"The car parked in the garage."中所有"ar"之后的内容，可操作如下。

```
str_extract_all("The car parked in the garage.","ar.*") %>%
  unlist
## [1] "ar parked in the garage."
```

最后提取的内容为第一次出现的"ar"及其随后的内容。其中"ar"后面用了点运算符，说明可以匹配任意字符任意多次。

## 4.1.5  出现 1 次或更多（"+"）

与 4.1.4 节所讲的 "*" 类似，"+" 能够匹配在加号之前出现大于等于 1 次的字符。例如我们需要匹配句子 "I never have a dream come true." 中以 "n" 开头、以 "m" 结尾的内容，中间所包含的字符内容至少出现一次，可以这样实现。

```
str_extract_all("I never have a dream come true.","n.+m") %>%
  unlist
## [1] "never have a dream com"
```

## 4.1.6  出现 0 次或 1 次（"?"）

通配符为 "?" 表示问号前面的字符为可选，即可以出现 0 或 1 次。例如，"T?he" 就能够匹配 "he" 之前 "T" 出现 0 次或 1 次的字符，如下所示。

```
str_extract_all("The car parked in the garage.","T?he") %>%
  unlist
## [1] "The" "he"
```

## 4.1.7  出现次数范围限制（"{}"）

正则表达式中，"{}" 用来表示一个或一组字符可以重复出现的次数。例如，"20[0-9]{2}"，可以匹配 "20" 以及后面连续出现的两个数字，如下所示。

```
str_extract_all("If you are born in 2000, you will get 20 in 2020","20[0-9]{2}") %>%
  unlist
## [1] "2000" "2020"
```

可以看到，如果大括号中只出现一个数字，就会固定匹配数字出现两次的字符（上面的例子使用 "[0-9]" 来限定只能匹配数字）。其实使用 "{n,m}" 的格式，能够匹配至少出现 $n$ 次、最多出现不大于 $m$ 次的字符；如果缺省 $m$，则表示无上限，可以匹配任意出现次数大于 $n$ 的字符串，如下所示。

```
# 匹配最少两位、最多 3 位的数字
str_extract_all("The number was 9.9997 but we rounded it off to 10.0.","[0-9]{2,3}") %>%
  unlist
## [1] "999" "10"
# 匹配最少两位的数字
str_extract_all("A vector contains number of 233,2,34,2,1,5 and 98.","[0-9]{2,}") %>%
  unlist
## [1] "233" "34"  "98"
```

## 4.1.8  特征标群（"(...)"）

如前所述，用大括号（"{}"）能够匹配字符出现次数的范围，中括号（"[]"）能够匹配

（或排除）集合中任意的一个字符，但是想要匹配多个字符怎么办？这个时候就可以使用小括号（"()"）。例如我们要匹配 1 个或多个 "na" 字符，则可以操作如下。

```
str_extract_all("banana","(na)+") %>%
  unlist
## [1] "nana"
```

如上所示，只要加上小括号，就能够同时识别两个字符了。

### 4.1.9　或运算符（"|"）

或运算符能够作为逻辑判断的一个条件，前面已经在讲解 "[]" 的时候出现过，其实它还能够出现在小括号内，如下所示。

```
str_extract_all("The car is parked in the garage.","(c|g|p)ar") %>%
  unlist
## [1] "car" "par" "gar"
```

同时，或运算符还支持嵌套，例如要识别所有 "car" 或 "the"，则可如下操作。

```
str_extract_all("The car is parked in the garage.","car|the") %>%
  unlist
## [1] "car" "the"
```

### 4.1.10　转义字符（"\\"）

在先前的分析中，使用各种通配符来找到指定的规则，但是如果要匹配的内容与通配符是一致的呢？例如，我们要匹配的内容是括号，这时，就必须用转义字符。这里提及的转义字符，指的是为了匹配已经具有特殊含义的通配符，而需要在该字符前加入的特定符号。在 R 语言中，可以使用两个反斜杠（"\\"）来进行转义，例如要匹配括号及其中间内容，代码如下。

```
# 不进行转义
str_extract_all("Eddy covariance (EC) is a technique.","(.+)") %>%
  unlist
## [1] "Eddy covariance (EC) is a technique."
# 进行转义
str_extract_all("Eddy covariance (EC) is a technique.","\\(.+\\)") %>%
  unlist
## [1] "(EC)"
```

除了括号以外，需要转义的字符还包括 "*" "?" "{" "}" "[" "]" "\" 等。

### 4.1.11　匹配开头部分（"^"）

"^" 符号能够检查匹配的字符串是否在开头的位置，例如要判断单词是否以 "th" 开头，可以操作如下。

```
c("the","you","that","me","those") %>%
  str_detect(pattern = "^th")
## [1]  TRUE FALSE  TRUE FALSE  TRUE
```

可以将这些字符串以索引的形式直接提取出来，如下所示。

```
c("the","you","that","me","those") %>%
  str_detect(pattern = "^th") -> index

c("the","you","that","me","those")[index]
## [1] "the"   "that"  "those"
```

### 4.1.12　匹配结尾部分（"$"）

"$"符号能够检查匹配的字符串是否在结尾的位置，例如要判断单词是否以"e"结尾，则可以操作如下。

```
c("the","you","that","me","those") %>%
  str_detect(pattern = "e$")
## [1]  TRUE FALSE FALSE  TRUE  TRUE
```

也可以将这些字符串以索引的方式直接提取出来，如下所示。

```
c("the","you","that","me","those") %>%
  str_detect(pattern = "e$") -> index

c("the","you","that","me","those")[index]
## [1] "the"   "me"    "those"
```

## 4.2　反向引用

反斜杠不仅仅可以用于转义，还可以对前面的内容进行反向引用。如果想要匹配所有两个相同的字符相连的字符串，就可以使用"(.)\\1"。它的意思是，先匹配前面的一个任意字符"(.)"，而后面的"\\1"指代的是前面的字符，因此可以匹配同样的两个字符，如下所示。

```
#匹配所有叠词
str_extract_all("秋天是个丰收的季节，果园里有红彤彤的苹果，黄澄澄的鸭梨。",
                pattern = "(.)\\1") %>%
  unlist()
## [1] "彤彤" "澄澄"
```

如果需要包含前面的一个字符，即匹配"ABB"形式的 3 字词，可以修改匹配规则如下。

```
str_extract_all("秋天是个丰收的季节, 果园里有红彤彤的苹果, 黄澄澄的鸭梨。",
                pattern = "(.)(.)\\2") %>%
  unlist()
## [1] "红彤彤" "黄澄澄"
```

在 "(.)(.)\\2" 中, 第一个 "(.)" ("(.)(.)\\2") 可以用 "\\1" 进行指代, 第二个 "(.)" ("(.)(.)\\2") 可以用 "\\2" 进行指代。由于构造了一个 "ABB" 形式的识别, 因此只需要对第二个字符进行再次识别, 不需要使用 "\\1"。下面的例子是采用分组方式识别一个 "AABB" 形式的词语。

```
str_extract_all("红红火火的太阳从东边升起, 把光辉洒落到家家户户的院子里, 小麻雀活跃起来, 叽叽喳喳地叫着。",
                pattern = "(.)\\1(.)\\2") %>%
  unlist()
## [1] "红红火火" "家家户户" "叽叽喳喳"
```

## 4.3 简写字符集

正则表达式提供了一些常用字符集的简写, 其对应表格如表 4.2 所示。

表 4.2 正则表达式简写字符集

| 简　　写 | 描　　述 |
| --- | --- |
| . | 除换行符外的所有字符 |
| \\w | 匹配所有字母数字, 等同于[a-zA-Z0-9] |
| \\W | 匹配所有非字母数字, 即符号, 等同于: [^\w] |
| \d | 匹配数字: [0-9] |
| \\D | 匹配非数字: [^\d] |
| \\s | 匹配所有空格字符, 等同于: [\t\n\f\r\p{Z}] |
| \\S | 匹配所有非空格字符: [^\s] |
| \f | 匹配一个换页符 |
| \\n | 匹配一个换行符 |
| \r | 匹配一个回车符 |
| \t | 匹配一个制表符 |
| \v | 匹配一个垂直制表符 |
| \\p | 匹配 CR/LF (等同于\r\n), 用来匹配 DOS 行终止符 |

这种字符集不仅仅在 R 中能够使用, 在很多其他计算机语言中都能够通用 (如 C、Perl 等)。而 R 语言本身还支持另一套简写字符集, 称之为 POSIX 字符类, 如表 4.3 所示。

表 4.3 POSIX 简写字符集

| 简　写 | 描　述 | 其他表达形式 |
|---|---|---|
| [:alnum:] | 任意字母或数字 | [a-zA-Z0-9] |
| [:alpha:] | 任意字母 | [a-zA-Z] |
| [:digit:] | 任意数字 | [0-9] |
| [:lower:] | 小写字母 | [a-z] |
| [:upper:] | 大写字母 | [A-Z] |
| [:space:] | 任意空格 | [\f\n\r\t\v] |
| [:punct:] | 任意标点符号 | —— |
| [:print:] | 任意可输出字符 | —— |
| [:graph:] | 除了空格以外的任意可输出字符 | —— |
| [:xdigit:] | 十六进制数字 | [a-fA-F0-9] |
| [:cntrl:] | ASCII 控制符 | —— |

简写的字符集能够对具有相同特征的字符进行概括，从而提高提取具有特定特征文本的效率。例如，提取字段中所有的数字，可以进行如下操作。

```
# 提取所有的数字
str_extract_all("A vector contains number of 233,2,34,2,1,5 and 98.",
                "[:digit:]") %>%  #也可以用"\d"替换"[:digit:]"
  unlist
## [1] "2" "3" "3" "2" "3" "4" "2" "1" "5" "9" "8"
```

如果需要匹配连续的数字，可以操作如下。

```
str_extract_all("A vector contains number of 233,2,34,2,1,5 and 98.",
                "[:digit:]+") %>%  ##也可以用"\d"替换"[:digit:]"
  unlist
## [1] "233" "2"   "34"  "2"   "1"   "5"   "98"
```

## 4.4　贪婪匹配与惰性匹配

正则表达式默认采用贪婪匹配模式，在该模式下意味着会匹配尽可能长的字符串。例如，我们想要提取括号以及括号其中的内容，如果有多个括号，贪婪匹配模式下，会识别最左边括号和最右边括号及其内部的内容。

```
str_extract("He(Tom) loves her(Mary)","\\(.+\\)") %>% unlist
## [1] "(Tom) loves her(Mary)"
```

如果只想提取出“(Tom)”，就需要采用惰性匹配模式，也就是要使用“.+?”来进行提取，如下所示。

```
str_extract("He(Tom) loves her(Mary)","\\(.+?\\)") %>% unlist
## [1] "(Tom)"
```

如果想要提取"(Mary)"怎么办呢？需要指定用最后出现的括号进行收尾，可以使用前面学过的"$"通配符进行匹配，同时要求括号内部的内容中没有其他括号（不允许嵌套，使用"[^( )]"表示），代码如下所示。

```
str_extract("He(Tom) loves her(Mary)","\\([^()]+?\\)$") %>% unlist
## [1] "(Mary)"
```

## 4.5　零宽断言

如果想要提取文本中所有出现在括号里面的内容，一般来说可以采用以下方式实现。

```
str_extract_all("He(Tom) loves her(Mary)","\\(.+?\\)") %>% unlist
## [1] "(Tom)"  "(Mary)"
```

如果不希望要括号，则可以使用 str_sub 定位提取函数进行提取，如下所示。

```
str_extract_all("He(Tom) loves her(Mary)",
                "\\(.+?\\)") %>%
  unlist %>%
  str_sub(2,-2)
## [1] "Tom"  "Mary"
```

事实上，还可以使用零宽断言进行一步到位的提取，只要匹配出现在"（"右边且在"）"左边的内容即可。能够对这种规则进行描述的语句叫作零宽断言，包括先行断言和后发断言两种。先行断言包括正先行断言（"?="）和负先行断言（"?!"），能够匹配前面出现或没有出现特定字符这个规则。后发断言包括正后发断言（"?<="）和负后发断言（"?<!"）两种，能够匹配后面出现了或没出现特定字符这个规则。下面分别举例进行说明。

### 4.5.1　正先行断言（"?=..."）

一个句子为"The fat cat sat on the mat."，现在希望提取"The"或者"the"，但是要按照特定的规则对指定的字符进行提取。例如需要的是 fat 单词前面的"The"，提取方式如下。

```
str_extract_all("The fat cat sat on the mat.",
                "(T|t)he(?=\\sfat)") %>%    #h 后面跟着一个空格与 fat 的 The 或 the 被
提取出来
    unlist
## [1] "The"
```

可以看到，首字母大写的"The"被正确地提取出来。

### 4.5.2 负先行断言（"?!..."）

同样是上面的例子，但是这次要把不是跟在 fat 单词与一个空格前面的"The"或"the"提取出来。具体操作如下。

```
str_extract_all("The fat cat sat on the mat.",
                "(T|t)he(?!\\sfat)") %>%
  unlist
## [1] "the"
```

可以看到，首字母小写的"the"被正确地提取了出来。

### 4.5.3 正后发断言（"?<= ..."）

后发断言与先行断言相反，是对其后面的内容进行判断。例如要提取句子"The fat cat sat on the mat."中在"The"或"the"后面、在空格前面的单词，可以这样实现。

```
str_extract_all("The fat cat sat on the mat.",
                "(?<=(T|t)he).+?\\s") %>%
  unlist
## [1] " fat "
```

可见，因为"mat"后面跟着的是句号而不是空格，因此没有被提取出来。

### 4.5.4 负后发断言（"?<!..."）

如果要提取句子"The cat sat on Cat."中不在"The"后面的"Cat"或"cat"，可以这样实现。

```
str_extract_all("The cat sat on Cat.",
                "(?<!The\\s)([C|c]at)") %>%
  unlist
## [1] "Cat"
```

可以发现，不在"The"后面的"Cat"被提取了出来。

### 4.5.5 提取括号中的内容

现在综合上面所介绍的知识，尝试把任意字符串中所有括号里面的内容提取出来（包含括号本身），具体操作如下。

```
str_extract_all("He(Tom) loves her(Mary),and she(Kate) loves him(Hope).",
                pattern = "\\(.+?\\)") %>%
  unlist
## [1] "(Tom)"  "(Mary)" "(Kate)" "(Hope)"
```

接下来，提取不包含括号的内容。首先使用基于 str_sub 函数的定位提取方法实现，如下所示。

```
str_extract_all("He(Tom) loves her(Mary),and she(Kate) loves him(Hope).",
                pattern = "\\(.+?\\)") %>%
  unlist %>%
  str_sub(2,-2)
## [1] "Tom"  "Mary" "Kate" "Hope"
```

然后，使用零宽断言的方法实现，如下所示。

```
str_extract_all("He(Tom) loves her(Mary),and she(Kate) loves him(Hope).",
                pattern = "(?<=\\().+?(?=\\))") %>%
  unlist
## [1] "Tom"  "Mary" "Kate" "Hope"
```

第 5 章

# 步入正题——导入各类文本数据

**本章概述：**

从本章起，正式进入使用 R 语言进行文本数据挖掘的主题，将介绍使用 readtext 扩展包导入各种格式的文本文件。文本数据挖掘的起点就是文本的导入。经过长期的发展，R 语言已经有了非常完善的文件读入系统，R 语言的生态中有很多软件包都能够解决文本导入的问题，本章将会聚焦 readtext 包。它最初是为 quanteda 中的文本导入问题所设计的，其后分离出来作为一个独立的文本导入软件包，它能够实现快速便捷的文本导入。

## 5.1　readtext 包简介

readtext 是一个单功能程序包，它完成的任务只有一个：读取包含文本信息的文件并将其导入到 R 环境中。这个功能看似非常简单，但是 readtext 包具有其特别的优势：

1）不仅仅能够读入原始的文本信息，还能够记录这些文本的元数据（一般称为 metadata，在 readtext 的环境下则被标记为 "docvars"）。

2）能够同时加载多个文本，只要指定这些文本所在的文件路径即可。

3）可以加载不同格式的文本，包括 csv、tsv、txt、json、pdf、docx 等。

4）能够通过指定编码格式的类型，从而正确地读入文档。

下面，首先安装本章需要用到的 readtext 包，并加载其他需要用到的相关包。

```
library(pacman)
p_load(readtext,tidyverse,quanteda)
```

## 5.2　不同格式文本文件的导入

本节将介绍如何使用 readtext 包导入不同格式的文本文档，在此之前先需要将路径设置为文档所在的文件夹。readtext 包自带了一些案例数据，此处利用 **system.file** 函数获取这个数据所在的文件路径。

```
DATA_DIR <- system.file("extdata/", package = "readtext")
```

对文件具体内容感兴趣的读者，可以去所在路径观察其文件格式及其内部的内容。需要声明的一点是，文件路径中不能够包含中文字符，否则会出错。因此，在观察文件格式及其内部内容时，需要保证 R 软件安装在无中文的路径下，或者独自创建一个英文文件夹来容纳这些文本数据。

## 5.2.1　读取 txt 文件

txt 是一种非常流行的文本格式，里面可以直接进行字符串的读写。在 readtext 包的 extdata\txt\UDHR 文件夹中，尝试使用 readtext 函数把 UDHR 中所有的 txt 文件读进去。

```
readtext(paste0(DATA_DIR, "/txt/UDHR/*"),encoding = "UTF-8")
## readtext object consisting of 13 documents and 0 docvars.
## # Description: df[,2] [13 x 2]
##   doc_id           text
##   <chr>            <chr>
## 1 UDHR_chinese.txt  "\"世界人权宣言\n 联合国\"..."
## 2 UDHR_czech.txt    "\"V<U+0160>EOBECNá \"..."
## 3 UDHR_danish.txt   "\"Den 10. de\"..."
## 4 UDHR_english.txt  "\"Universal \"..."
## 5 UDHR_french.txt   "\"Déclaratio\"..."
## 6 UDHR_georgian.txt "\"FLFVBFYBC \"..."
## # ... with 7 more rows
```

这里把编码格式设置为"UTF-8"，这样才能够正确地进行读取。可以看到，返回值是一个数据框，其中元数据存储在 doc_id 中，它里面的信息是 txt 文件的名称，而 text 变量则存储着这些 txt 文件中的文本内容。

有的时候，文件名称本身就包含着文档的元数据，例如，文档的内容信息、年份和语言等。如果希望从文档的名称直接提取信息，并作为文本的元数据放入数据框，就可以把 docvarsfrom 参数设置为"filenames"，并制定分隔符和信息的列名称。下面举例说明。

```
readtext(paste0(DATA_DIR, "/txt/EU_manifestos/*.txt"),  #指定读取文件夹中的 txt 文件
        docvarsfrom = "filenames",
        docvarnames = c("unit", "context", "year", "language", "party"),
        dvsep = "_",
        encoding = "ISO-8859-1")
## readtext object consisting of 17 documents and 5 docvars.
## # Description: df[,7] [17 x 7]
##   doc_id                  text              unit  context  year language party
##   <chr>                   <chr>             <chr> <chr>    <int> <chr>    <chr>
## 1 EU_euro_2004_de_PSE.txt "\"PES · PSE \"..." EU    euro     2004 de       PSE
## 2 EU_euro_2004_de_V.txt   "\"Gemeinsame\"..." EU    euro     2004 de       V
## 3 EU_euro_2004_en_PSE.txt "\"PES · PSE \"..." EU    euro     2004 en       PSE
```

```
## 4 EU_euro_2004_en_V.txt    "\"Manifesto\n\"..~ EU    euro    2004 en      V
## 5 EU_euro_2004_es_PSE.txt "\"PES · PSE \"..." EU    euro    2004 es      PSE
## 6 EU_euro_2004_es_V.txt    "\"Manifesto\n\"..~ EU    euro    2004 es      V
## # ... with 11 more rows
```

可以清晰地看到，名为"EU_euro_2004_de_PSE.txt"的文件，被拆为"EU""euro""2004""de""PSE"五个部分，并作为数据框的列放置在后端。事实上，readtext 函数可以无视子文件夹的屏障，直接读取母文件中子文件夹内所有的文本文档。例如，movie_reviews 文件夹中有两个文件夹，而两个文件夹中又有其各自的文本文件。可以直接读 movie_reviews 文件夹来提取所有子文件夹内的文本数据，如下所示。

```
readtext(paste0(DATA_DIR, "/txt/movie_reviews/*"))
## readtext object consisting of 10 documents and 0 docvars.
## # Description: df[,2] [10 x 2]
##   doc_id           text
##   <chr>            <chr>
## 1 neg_cv000_29416.txt "\"plot : two\"..."
## 2 neg_cv001_19502.txt "\"the happy \"..."
## 3 neg_cv002_17424.txt "\"it is movi\"..."
## 4 neg_cv003_12683.txt "\" \" quest f\"..."
## 5 neg_cv004_12641.txt "\"synopsis :\"..."
## 6 pos_cv000_29590.txt "\"films adap\"..."
## # ... with 4 more rows
```

### 5.2.2　读取 csv/tsv 文件

csv 文件与 tsv 文件非常类似，前者是以逗号作为分隔符，后者则以制表符作为分隔符，但本质上都是结构化的数据框。其实很多其他包的函数都可以读取这两种格式的文件，其中之一就是 readr 包中的 **read_csv** 和 **read_tsv** 函数，下面通过示例进行演示。

```
read_csv(str_c(DATA_DIR, "/csv/inaugCorpus.csv"))
## # A tibble: 5 x 4
##   texts                                         Year President FirstName
##   <chr>                                         <dbl> <chr>     <chr>
## 1 "Fellow-Citizens of the Senate and of the House of ~ 1789 Washingt~ George
## 2 "Fellow citizens, I am again called upon by the voi~ 1793 Washingt~ George
## 3 "When it was first perceived, in early times, that ~ 1797 Adams     John
## 4 "Friends and Fellow Citizens:\n\nCalled upon to und~ 1801 Jefferson Thomas
## 5 "Proceeding, fellow citizens, to that qualification~ 1805 Jefferson Thomas
read_tsv(str_c(DATA_DIR, "/tsv/dailsample.tsv"))
## # A tibble: 33 x 10
##   speechID memberID partyID constID title date      member_name party_name
##   <dbl>    <dbl>    <dbl>   <dbl>   <chr> <date>    <chr>       <chr>
```

```
## 1     1     977     22     158 1. C~ 1919-01-21 Count Geor~ Sinn Féin
## 2     2     1603    22     103 1. C~ 1919-01-21 Mr. Pádrai~ Sinn Féin
## 3     3     116     22     178 1. C~ 1919-01-21 Mr. Cathal~ Sinn Féin
## 4     4     116     22     178 2. C~ 1919-01-21 Mr. Cathal~ Sinn Féin
## 5     5     116     22     178 3. A~ 1919-01-21 Mr. Cathal~ Sinn Féin
## 6     6     116     22     178 3. A~ 1919-01-21 Mr. Cathal~ Sinn Féin
## 7     7     496     22      46 4. B~ 1919-01-21 Mr. Sean (~ Sinn Féin
## 8     8     116     22     178 4. B~ 1919-01-21 Mr. Cathal~ Sinn Féin
## 9     9     116     22     178 4. B~ 1919-01-21 Mr. Cathal~ Sinn Féin
## 10    10    2095    22     139 4. B~ 1919-01-21 Mr. Seán (~ Sinn Féin
## # ... with 23 more rows, and 2 more variables: const_name <chr>, speech <chr>
```

由结果可知，读入的数据在 R 环境中会保存为特殊的数据框格式（tibble 格式），显示的时候会带有行列数量（如"5×4"代表 5 行 4 列）、列的类型（如"<dbl>"表示这一列是 double 类型，即双精度的数值型），在显示内容过多的时候会对内容进行缩略（如"with 23 more rows, and 2 more variables…"表示显示的时候忽略了最后 23 行和最后 2 列）。

使用 readtext 读取 csv/tsv 文件时，首先，它默认数据框中有一列是目标文本；其次，它认为每一行都是一个不同的文本，因此会附上 doc_id 来区分每一个文本。具体示例如下。

```
readtext(paste0(DATA_DIR, "/csv/inaugCorpus.csv"), text_field = "texts")
## readtext object consisting of 5 documents and 3 docvars.
## # Description: df[,5] [5 x 5]
##   doc_id            text             Year President FirstName
##   <chr>             <chr>           <int> <chr>     <chr>
## 1 inaugCorpus.csv.1 "\"Fellow-Cit\"..." 1789 Washington George
## 2 inaugCorpus.csv.2 "\"Fellow cit\"..." 1793 Washington George
## 3 inaugCorpus.csv.3 "\"When it wa\"..." 1797 Adams      John
## 4 inaugCorpus.csv.4 "\"Friends an\"..." 1801 Jefferson  Thomas
## 5 inaugCorpus.csv.5 "\"Proceeding\"..." 1805 Jefferson  Thomas
readtext(paste0(DATA_DIR, "/tsv/dailsample.tsv"), text_field = "speech")
## readtext object consisting of 33 documents and 9 docvars.
## # Description: df[,11] [33 x 11]
##   doc_id text  speechID memberID partyID constID title date  member_name
##   <chr>  <chr>    <int>    <int>   <int>   <int> <chr> <chr> <chr>
## 1 dails~ "\"M~       1      977      22     158 1. C~ 1919~ Count Geor~
## 2 dails~ "\"I~       2     1603      22     103 1. C~ 1919~ Mr. Pádrai~
## 3 dails~ "\"'~       3      116      22     178 1. C~ 1919~ Mr. Cathal~
## 4 dails~ "\"T~       4      116      22     178 2. C~ 1919~ Mr. Cathal~
## 5 dails~ "\"L~       5      116      22     178 3. A~ 1919~ Mr. Cathal~
## 6 dails~ "\"-~       6      116      22     178 3. A~ 1919~ Mr. Cathal~
## # ... with 27 more rows, and 2 more variables: party_name <chr>,
## #   const_name <chr>
```

可以看到，text_field 参数是需要设置的，这样才能够知道哪一列是目标文本所在的列。

另外，这个示例中使用了 paste0 函数来取代 str_c 函数，它也可以对字符串进行拼接。

## 5.2.3 读取 json 文件

JSON 的全称为 JavaScript Object Notation，json 格式是一种轻量级的文本数据交换格式。JSON 对象在花括号中进行书写，格式为键值对，例如：

```
{ "firstName":"John" , "lastName":"Doe" }
```

它代表一个人的名称与姓氏分别为"John"和"Doe"。在 readtext 的函数中要读取 json 文件是非常容易的，但是必须申明目标文本在哪一个属性中（使用 text_field 参数）。下面举例说明（texts 为文档所在的属性）。

```
readtext(paste0(DATA_DIR, "/json/inaugural_sample.json"), text_field = "texts")
## readtext object consisting of 3 documents and 3 docvars.
## # Description: df[,5] [3 x 5]
##   doc_id                  text                Year President  FirstName
##   <chr>                   <chr>               <int> <chr>     <chr>
## 1 inaugural_sample.json.1 "\"Fellow-Cit\"..." 1789 Washington George
## 2 inaugural_sample.json.2 "\"Fellow cit\"..." 1793 Washington George
## 3 inaugural_sample.json.3 "\"When it wa\"..." 1797 Adams      John
```

可见在 inaugural_sample.json 这个文件中，一共有 3 个对象（即 3 个文本），readtext 函数分别用 doc_id 进行标注，并将它们的元数据进行了存储。

## 5.2.4 读取 pdf 文件

PDF 的全称为 Portable Document Format，意为便携式文档格式。pdf 格式文件能够保证其无论在任何操作系统或应用程序中都能够保持其精确的打印效果。readtext 包利用 pdftools 包中的工具，让 pdf 格式文件中的文字部分直接导入到 R 环境中，其过程也非常便捷，如下例所示。

```
 readtext(paste0(DATA_DIR, "/pdf/UDHR/*.pdf"),
              docvarsfrom = "filenames",
              docvarnames = c("document", "language"),
              sep = "_")
## readtext object consisting of 11 documents and 2 docvars.
## # Description: df[,4] [11 x 4]
##   doc_id             text                document language
##   <chr>              <chr>               <chr>    <chr>
## 1 UDHR_chinese.pdf  "\"世界人权宣言\r\n 联合\"..." UDHR     chinese
## 2 UDHR_czech.pdf    "\"V<U+0160>EOBECNá \"..."   UDHR     czech
## 3 UDHR_danish.pdf   "\"Den 10. de\"..."          UDHR     danish
## 4 UDHR_english.pdf  "\"Universal \"..."          UDHR     english
## 5 UDHR_french.pdf   "\"Déclaratio\"..."          UDHR     french
```

```
## 6 UDHR_greek.pdf    "\"OIKOYMENIK\"..."                UDHR     greek
## # ... with 5 more rows
```

这里把文件名称作为元数据导入了最终的数据框中，所得数据为 11 行 4 列的数据框。

## 5.2.5　读取 Word 文件

微软 Word 文件又有两种扩展名，包括 doc 和 docx，其中 docx 是 Microsoft Office 2007
之后版本使用的文件扩展名。readtext 包中，使用 antiword 包来对.doc 文件进行读取，而用
XML 包来对.docx 文件进行读取。举例如下：

```
readtext(paste0(DATA_DIR, "/word/*.docx"))
## readtext object consisting of 2 documents and 0 docvars.
## # Description: df[,2] [2 x 2]
##   doc_id                    text
##   <chr>                     <chr>
## 1 UK_2015_EccentricParty.docx "\"The Eccent\"..."
## 2 UK_2015_LoonyParty.docx     "\"The Offici\"..."
```

## 5.2.6　读取 html 文件

有很多文本信息以 html 的网页形式存在于网页中，如果要对这类文本信息进行分析，
可以通过统一资源定位符（Uniform Resource Locator，URL）来对其地址进行定位，然后爬
取网页信息。readtext 包能够帮助用户直接对 URL 进行读取，并将网页信息保存为文本格
式。下面通过 readtext 函数尝试读取一个在线网址（感兴趣的读者可以先去访问网址的内
容，链接为 https://cran.r-project.org/web/packages/readtext/index.html）。

```
readtext("https://cran.r-project.org/web/packages/readtext/index.html")
## readtext object consisting of 1 document and 0 docvars.
## # Description: df[,2] [1 x 2]
##   doc_id     text
##   <chr>      <chr>
## 1 index.html "\"readtext: \"..."
```

可以看到，html 前面的一个文件名称会成为文件的 ID，而内容存储在 text 列中。

## 5.2.7　读取压缩包

readtext 包不仅可以读取文件夹中的文本文档，还可以直接读取压缩包中的文档，如
下所示：

```
readtext(paste0(DATA_DIR, "/data_files_encodedtexts.zip"))
## readtext object consisting of 36 documents and 0 docvars.
## # Description: df[,2] [36 x 2]
```

```
##    doc_id                                   text
##    <chr>                                    <chr>
## 1 IndianTreaty_English_UTF-16LE.txt  "\"\uf8f5\ue81c\n\n\n\n\n\n\n\"..."
## 2 IndianTreaty_English_UTF-8-BOM.txt "\"锘縜 RTICLE 1\"..."
## 3 UDHR_Arabic_ISO-8859-6.txt                "\"卿详惹躺\n 溴<U+FFFD> 闱<U+FFFD>\"..."
## 4 UDHR_Arabic_UTF-8.txt                     "\"丕賳丿賣亘丕噩丞\n 賵\"..."
## 5 UDHR_Arabic_WINDOWS-1256.txt              "\"轻享惹躺\n 徙<U+FFFD> 咔<U+FFFD>\"..."
## 6 UDHR_Chinese_GB2312.txt                   "\"世界人权宣言\n 联合国\"..."
## # ... with 30 more rows
```

可以看到，压缩包中的文档被直接读了出来。不过因为压缩包中不同文档具有不同的文本格式，因此所读的文本难以正确表示，接下来将会对这个问题继续进行剖析。

## 5.3　读入不同编码格式的文档

在上面的例子中，如果没有文本的编码格式，会难以正确地读取文本，存在乱码。如果各个文档的编码格式是已知的，那么在读取之前就可以对它们进行指定，从而正确地读取。上面的例子中，doc_id 列中其实已经包含了每个文件的编码格式，它在文件的最后部分。可以先用正则表达式来对每个文件的编码格式进行提取，如下所示：

```
# 提取文档中的编码
readtext(paste0(DATA_DIR, "/data_files_encodedtexts.zip")) %>%
  mutate(encoding = str_extract(doc_id,"_[^_]+\\.txt$") %>%
           str_sub(2,-5)) %>%
  pull(encoding) -> fileencodings


## 或者使用零宽断言提取

readtext(paste0(DATA_DIR, "/data_files_encodedtexts.zip")) %>%
  mutate(encoding = str_extract(doc_id,
                      "(?<=_)[^_]+?(?=\\.txt$)")) %>%    #感兴趣的读者请"细
品"此正则表达式
  pull(encoding) -> fileencodings
```

以上代码获取了文件夹中所有文档的编码格式。接下来再对文件进行重新读取，如下所示。

```
readtext(paste0(DATA_DIR, "/data_files_encodedtexts.zip"),
             encoding = fileencodings)
## readtext object consisting of 36 documents and 0 docvars.
## # Description: df[,2] [36 x 2]
##    doc_id                                   text
##    <chr>                                    <chr>
```

```
## 1 IndianTreaty_English_UTF-16LE.txt         "\"WHEREAS, t\"..."
## 2 IndianTreaty_English_UTF-8-BOM.txt        "\"ARTICLE 1.\"..."
## 3 UDHR_Arabic_ISO-8859-6.txt                "\"<U+0627><U+0644><U+062F><U+064A>
<U+0628><U+0627><U+062C><U+0629>\n<U+0644>\"..."
## 4 UDHR_Arabic_UTF-8.txt                      "\"<U+0627><U+0644><U+062F><U+064A>
<U+0628><U+0627><U+062C><U+0629>\n<U+0644>\"..."
## 5 UDHR_Arabic_WINDOWS-1256.txt               "\"<U+0627><U+0644><U+062F><U+064A>
<U+0628><U+0627><U+062C><U+0629>\n<U+0644>\"..."
## 6 UDHR_Chinese_GB2312.txt                    "\"世界人权宣言\n 联合国\"..."
## # ... with 30 more rows
```

原来的一些乱码消失了，说明对不同编码格式的文档进行了正确的读取。

## 5.4　文件数据结构的转化

使用 readtext 函数读取文本后，返回的数据都是同一个格式——数据框。数据框是 R 中最为常见的格式，它可以轻易地转化为 tibble 格式。如下所示。

```
readtext(paste0(DATA_DIR, "/txt/UDHR/*"),encoding = "UTF-8") -> text_file
text_file %>% as_tibble -> text_tibble
text_tibble
## # A tibble: 13 x 2
##    doc_id           text
##    <chr>            <chr>
##  1 UDHR_chinese.txt "世界人权宣言\n 联合国大会一九四八年十二月十日第 217A(III)号决议
通过并颁布 1948 年 12 月 10 日~
##  2 UDHR_czech.txt   "V<U+0160>EOBECNá DEKLARACE LIDSKYCH PRáV\núvod U vědomí
toho, <U+017E>e ~
##  3 UDHR_danish.txt  "Den 10. december 1948 vedtog og offentliggjorde FNs
tredie~
##  4 UDHR_english.txt "Universal Declaration of Human Rights\nPreamble Whereas re~
##  5 UDHR_french.txt "Déclaration universelle des droits de l'homme\nPréambule C~
##  6 UDHR_georgian.t~ "FLFVBFYBC EAKT<FSF CF>JDTKSFJ LTRKFHFWBF GHTFV<EKF
dbyfblf~
##  7 UDHR_greek.txt   "OIKOYMENIKH ΔIAKHPYΞH ΓIA TA ANΘPΩΠINA ΔIKAIΩMATA\n10
ΔEKE~
##  8 UDHR_hungarian.~ "Az Emberi Jogok Egyetemes Nyilatkozata\nBevezet<U+0151>
Tekintett~
##  9 UDHR_icelandic.~ "Mannréttindayfirlysing Sameinueu tjóeanna\n\n\fútgáfudagur~
## 10 UDHR_irish.txt   "DEARBHú UILE-CHOITEANN CEARTA AN DUINE\n[Preamble] De
Bhrí~
## 11 UDHR_japanese.t~ "『世界人権宣言』\n\n（1948.12.10 第 3 回国連総会採択）\n\n〈前
文〉\n\n 人類社会のすべての構成員~
```

```
## 12 UDHR_russian.txt "Всеобщая декларация прав человека\nПринята и провозглашена~
## 13 UDHR_vietnamese~ "7X\\zQ QJ{Q WR\u007fQ WK\u009b JL±L Y\u0098 QKyQ TX\\\u009~
```

tibble 格式是 tidyverse 生态系统（一种具有统一设计理念的多个数据操作包的集合，功能强大，受众广泛）中的通用格式，可以被 tidytext 等各种包进行再次利用。除此以外，readtext 最初就是为 **quanteda**（两个包由同一作者开发和维护，在使用的数据格式上具有统一性）设计的，因此它能够转化为 quanteda 包能够识别的通用格式 corpus。

```
text_file %>% corpus() -> text_corpus
text_corpus
## Corpus consisting of 13 documents.
## UDHR_chinese.txt :
## "世界人权宣言 联合国大会一九四八年十二月十日第 217A(III)号决议通过并颁布 1948 年 12
月 10 日，联..."
##
## UDHR_czech.txt :
## "V<U+0160>EOBECNá DEKLARACE LIDSKYCH PRáV úvod U vědomí toho, <U+017E>e uzn..."
##
## UDHR_danish.txt :
## "Den 10. december 1948 vedtog og offentliggjorde FNs tredie g..."
##
## UDHR_english.txt :
## "Universal Declaration of Human Rights Preamble Whereas recog..."
##
## UDHR_french.txt :
## "Déclaration universelle des droits de l'homme Préambule Cons..."
##
## UDHR_georgian.txt :
## "FLFVBFYBC EAKT<FSF CF>JDTKSFJ LTRKFHFWBF GHTFV<EKF dbyfblfy ..."
##
## [ reached max_ndoc ... 7 more documents ]
```

这种格式能够被 quanteda 包中的函数所利用，因此也是一种重要的转化格式。

# 第 6 章

## 更进一步——
## 对各类文本数据进行预处理

**本章概述：**

一般来说，文本数据属于非结构化的数据，难以直接进行量化分析。因此，往往需要对这些文本数据进行预处理，包括切分、去除标点、扩展缩写、大小写统一等。本章将会对这些步骤进行讲解，并使用 R 语言对这些过程加以实现。需要注意的是，有的文本预处理过程是具有语言差异性的，也就是说中文和英文的处理步骤会有所不同，本章也会进行深入的讲解。

## 6.1 拼写纠错

微软 Word 有一个功能，检查英文单词的拼写。在 R 中，使用 hunspell 包可以完成这个任务。如果文本中有的单词有拼写错误，hunspell 包的函数能够对其进行自动检测，实现自动化纠错。不过目前 hunspell 包仅支持英文拼写的检测与纠错推荐。接下来通过具体示例来应用 hunspell 包进行拼写纠错。首先加载这个包：

```
library(pacman)
p_load(hunspell,tidyverse)
```

接下来进行拼写纠错。例如，有一个英文单词向量，需要检测这些英文单词是否拼写有误，可以使用 **hunspell_check** 函数实现，如下所示：

```
c("beer", "wiskey", "wine") %>% hunspell_check()
## [1]  TRUE FALSE  TRUE
```

结果显示，该英文单词向量中间的"wiskey"单词存在拼写错误，其他单词都拼写正确。Hunspell 包还提供了 **hunspell_suggest** 函数，能够根据文本相似度来推荐正确的答案，对错误拼写的单词进行纠正，如下所示。

```
"wiskey" %>% hunspell_suggest()
## [[1]]
## [1] "whiskey"  "whiskery"
```

得到的结果是一个列表，列表中给出了该单词两个可能的正确拼写形式。

如果需要检测的不是一个单词，而是一个长字符串，可以使用 **hunspell** 函数对其错误的单词进行识别，如下所示。

```
bad <- hunspell("spell checkers are not neccessairy for langauge ninjas")
print(bad[[1]])
## [1] "neccessairy" "langauge"
```

之后，依然可以使用 hunspell_suggest 函数对其进行正确拼写的推荐。

```
hunspell_suggest(bad[[1]])
## [[1]]
## [1] "necessary"   "necessarily"
##
## [[2]]
## [1] "language" "melange"
```

## 6.2　文本切分

文本具有其自身的结构单位，包括文章、段落、句子、单词等。在研究不同问题的时候，往往需要将其切分为不同的单位，然后进行分析。本节将会演示如何把一篇文章分为不同的组分，先分别以单个文档为例进行解析（主要使用 tokenizers 包），然后说明如何对文档进行批量的切分（主要使用 tidytext 包）。由于中英文两者本身有不同的特性，这里会在分词的部分分别进行介绍。加载完 tokenizers 包和 tidytext 包之后，分别构造用于示例的中文和英文两篇文章，如下所示：

```
#加载将要使用的包
p_load(tokenizers,tidytext)

# 来自鲁迅《社戏》前两个自然段
cn_text = "我在倒数上去的二十年中，只看过两回中国戏，前十年是绝不看，因为没有看戏的意思
和机会，那两回全在后十年，然而都没有看出什么来就走了。

         第一回是民国元年我初到北京的时候，当时一个朋友对我说，北京戏最好，你不去见见世面么？
我想，看戏是有味的，而况在北京呢。于是都兴致勃勃地跑到什么园，戏文已经开场了，在外面也早听到冬
冬地响。我们挨进门，几个红的绿的在我的眼前一闪烁，便又看见戏台下满是许多头，再定神四面看，却见
中间也还有几个空座，挤过去要坐时，又有人对我发议论，我因为耳朵已经喤喤的响着了，用了心，才听到
```

他是说"有人，不行！""

```
# 来自马丁·路德·金的演讲 I Have A Dream
en_text = "I am happy to join with you today in what will go down in history as
the greatest demonstration for freedom in the history of our nation.

Five score years ago, a great American, in whose symbolic shadow we stand today,
signed the Emancipation Proclamation. This momentous decree came as a great beacon
light of hope to millions of Negro slaves who had been seared in the flames of
withering injustice. It came as a joyous daybreak to end the long night of their
captivity."
```

## 6.2.1　段落切分

要把文章分为段落在实现上是非常简单的，只有一个根本问题需要确定：段落分隔符是什么。在文本中，统一用了两个换行符作为段落之间的分割符号，这与 tonkenizers 包中 **tokenize_paragraphs** 函数的默认设置是一样的，因此可以直接进行段落切分操作，如下所示。

```
cn_text %>%
  tokenize_paragraphs()
## [[1]]
## [1] "我在倒数上去的二十年中，只看过两回中国戏，前十年是绝不看，因为没有看戏的意思和机
会，那两回全在后十年，然而都没有看出什么来就走了。"
## [2] "  第一回是民国元年我初到北京的时候，当时一个朋友对我说，北京戏最好，你不去见见世
面么？我想，看戏是有味的，而况在北京呢。于是都兴致勃勃地跑到什么园呢，戏文已经开场了，在外面也早
听到冬冬地响。我们挨进门，几个红的绿的在我的眼前一闪烁，便又看见戏台下满是许多头，再定神四面
看，却见中间也还有几个空座，挤过去要坐时，又有人对我发议论，我因为耳朵已经嗅嗅的响着了，用了
心，才听到他是说"有人，不行！""
en_text %>%
  tokenize_paragraphs()
## [[1]]
## [1] "I am happy to join with you today in what will go down in history as the
greatest demonstration for freedom in the history of our nation."
## [2] "Five score years ago, a great American, in whose symbolic shadow we stand
today, signed the Emancipation Proclamation. This momentous decree came as a great
beacon light of hope to millions of Negro slaves who had been seared in the flames of
withering injustice. It came as a joyous daybreak to end the long night of their
captivity."
```

可以看到，切分之前中英文分别是两大段字符串，而分割后则返回了列表，每个列表中都包含两个组分，是分割后的两个文本段落。

有的时候，段落分割的符号可能会变化，这时候可以使用 paragraph_break 参数进行调整。例如，要将两个换行符（即回车键的效果）设为段落之间的间隔，那么应该将

tokenize_paragraphs 函数中的参数设置为 "paragraph_break = "\n\n""。

## 6.2.2 句子切分

句子的划分，一般都是以句号、问号和惊叹号作为分隔符。tokenizers 包支持中英文双语的句子切分，实现如下。

```
cn_text %>%
  tokenize_sentences()
## [[1]]
## [1] "我在倒数上去的二十年中，只看过两回中国戏，前十年是绝不看，因为没有看戏的意思和机会，那两回全在后十年，然而都没有看出什么来就走了。"
## [2] "第一回是民国元年我初到北京的时候，当时一个朋友对我说，北京戏最好，你不去见见世面么？"
## [3] "我想，看戏是有味的，而况在北京呢。"
## [4] "于是都兴致勃勃地跑到什么园，戏文已经开场了，在外面也早听到冬冬地响。"
## [5] "我们挨进门，几个红的绿的在我的眼前一闪烁，便又看见戏台下满是许多头，再定神四面看，却见中间也还有几个空座，挤过去要坐时，又有人对我发议论，我因为耳朵已经喤喤的响着了，用了心，才听到他是说"有人，不行！""
en_text %>%
  tokenize_sentences()
## [[1]]
## [1] "I am happy to join with you today in what will go down in history as the
greatest demonstration for freedom in the history of our nation."
## [2] "Five score years ago, a great American, in whose symbolic shadow we stand
today, signed the Emancipation Proclamation."
## [3] "This momentous decree came as a great beacon light of hope to millions of
Negro slaves who had been seared in the flames of withering injustice."
## [4] "It came as a joyous daybreak to end the long night of their captivity."
```

当输出格式中出现 "[[1]]" 的时候，可以知道它是一个列表，这说明函数在做切分之后，总会把所有切分的多个字符串放在一个列表内，后面不再特别说明这一点。

## 6.2.3 词语切分

词语切分通常被叫作分词，是希望把词语作为文本基本单位的分割方法。英文分词往往非常便捷，因为每个词语中间有空格进行分割，因此可以直接分开。使用 **tokenize_words** 函数可以直接实现英文分词，仍以之前输入的马丁·路德·金的演讲 I Have A Dream 文本为例进行说明，分词结果如下所示。

```
en_text %>% tokenize_words()
## [[1]]
##  [1] "i"       "am"      "happy"   "to"
##  [5] "join"    "with"    "you"     "today"
##  [9] "in"      "what"    "will"    "go"
```

```
## [13] "down"          "in"           "history"       "as"
## [17] "the"           "greatest"     "demonstration" "for"
## [21] "freedom"       "in"           "the"           "history"
## [25] "of"            "our"          "nation"        "five"
## [29] "score"         "years"        "ago"           "a"
## [33] "great"         "american"     "in"            "whose"
## [37] "symbolic"      "shadow"       "we"            "stand"
## [41] "today"         "signed"       "the"           "emancipation"
## [45] "proclamation"  "this"         "momentous"     "decree"
## [49] "came"          "as"           "a"             "great"
## [53] "beacon"        "light"        "of"            "hope"
## [57] "to"            "millions"     "of"            "negro"
## [61] "slaves"        "who"          "had"           "been"
## [65] "seared"        "in"           "the"           "flames"
## [69] "of"            "withering"    "injustice"     "it"
## [73] "came"          "as"           "a"             "joyous"
## [77] "daybreak"      "to"           "end"           "the"
## [81] "long"          "night"        "of"            "their"
## [85] "captivity"
```

上面这个步骤中，同时将标点符号进行了去除，还把所有的英文字母转为小写。在实际的操作中可以发现，这个函数也具有一定的中文分词能力，对鲁迅《社戏》前两个自然段进行分词，结果如下所示。

```
cn_text %>% tokenize_words()
## [[1]]
##   [1] "我在"   "倒数"   "上去"   "的"     "二十"   "年"     "中"     "只看"
##   [9] "过"     "两"     "回"     "中国"   "戏"     "前"     "十年"   "是"
##  [17] "绝不"   "看"     "因为"   "没有"   "看"     "戏"     "的"     "意思"
##  [25] "和"     "机会"   "那"     "两"     "回"     "全"     "在"     "后"
##  [33] "十年"   "然而"   "都没有" "看出"   "什么"   "来"     "就"     "走了"
##  [41] "第一"   "回"     "是"     "民国"   "元年"   "我"     "初"     "到"
##  [49] "北京"   "的"     "时候"   "当时"   "一个"   "朋友"   "对"     "我"
##  [57] "说"     "北京"   "戏"     "最好"   "你"     "不去"   "见"     "见"
##  [65] "世面"   "么"     "我想"   "看"     "戏"     "是有"   "味"     "的"
##  [73] "而"     "况"     "在"     "北京"   "呢"     "于是"   "都"     "兴致"
##  [81] "勃勃"   "的"     "跑到"   "什么"   "园"     "戏"     "文"     "已经"
##  [89] "开场"   "了"     "在"     "外面"   "也"     "早"     "听到"   "冬冬"
##  [97] "地"     "响"     "我们"   "挨"     "进"     "门"     "几个"   "红的"
## [105] "绿"     "的"     "在"     "我的"   "眼前"   "一"     "闪烁"   "便"
## [113] "又"     "看见"   "戏"     "台下"   "满"     "是"     "许多"   "头"
## [121] "再"     "定"     "神"     "四面"   "看"     "却"     "见"     "中间"
## [129] "也"     "还有"   "几个"   "空"     "座"     "挤"     "过去"   "要"
## [137] "坐"     "时"     "又有"   "人"     "对"     "我"     "发议论" "我"
```

```
## [145] "因为"    "耳朵"    "已经"    "嘿"    "的"    "响"    "着"    "了"
## [153] "用"    "了"    "心"    "才"    "听到"    "他是"    "说"    "有人"
## [161] "不行"
```

但是随着中文词语发生的变化，新词不断出现，很难保证分词的效果。而且在不同的背景下，所涉及的语言也有所不同。不同的学科领域具有自己的术语，例如在科学研究中就有科学用语；而在文学作品中，用词习惯又会有不一样；在技术文档中，很多约定俗成的词汇是外行人所不能理解的。所以，在做分词的时候，一定要先对背景的词汇有所认识，才能够做到正确分词。在 R 语言中，**jiebaR** 包就可以通过自定义词典做到这一点。下面通过一个简单的例子来介绍 jiebaR 包对中文分词的基本实现。

```
p_load(jiebaR)
cn = "R 语言是我们最喜爱的编程语言。"    #创建字符
wk = worker()    #创建分词器
segment(cn,wk)    #进行分词
## [1] "R"        "语言"    "是"        "我们"    "最"    "喜爱"    "的"
## [8] "编程语言"
```

可以看到，分词效果不错。这里分词器的创建使用了默认设置，其实可以根据个性化的需要来对分词器进行修饰，从而提高分词器的分词效果。详细的帮助文档可以输入"?worker"进行查询，在这里可以调整分词算法、自定义词典和停止词词典等设置。接下来说明如何利用自我构建的词典来进行更加精确的分词。先来看一下词典所在的位置。

```
show_dictpath()
```

根据该路径所输出的目录找到指定的文件夹，然后创建一个名为 user.dict.utf8 文件，使用记事本打开，其形式如图 6.1 所示。

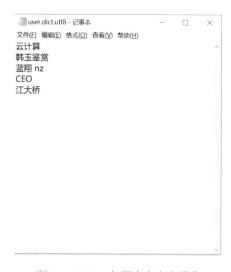

图 6.1    jiebaR 包用户自定义词典

可以发现，里面已经有一些词组，下面在后面输入自己需要识别的词（然后加回车）作为自定义词典。例如，在上面的例子中，对"R 语言是我们最喜爱的编程语言。"这句话进行了分词，但是"R"和"语言"分开了，而"R 语言"本身应该作为一个词组，因此在记事本中输入"R 语言"，并把文件另存为 user.dict2.utf8，然后再次尝试分词，如下所示。

```
#需要先重新定义分词器
wk = worker(user = str_replace(USERPATH,
                               "user.dict.utf8",
                               "user.dict2.utf8")) #更换自定义词典路径
segment(cn,wk)
## [1] "R 语言"    "是"       "我们"      "最"       "喜爱"      "的"
## [8] "编程语言"
```

可见分词结果中"R"和"语言"已经合并在一起，成为一个独立的词组。因此，如果需要更换应用场景，只需要改变用户自定义词典就可以实现了。

## 6.2.4　n 元切分

虽然英文分词非常简单，但是在应用的过程中有时候需要用到 n 元（n-gram）切分，这样可以识别多个单词构成的词组。所谓 n 元切分，是指以单词作为基本单位按照大小为 n 进行滑窗截取的操作。例如我们需要识别两个单词构成的词组，可以使用 **tokenize_ngrams** 函数实现，如下所示。

```
"I never have a dream come true." %>%
  tokenize_ngrams(n = 2,simplify = T)
## [1] "i never"    "never have" "have a"     "a dream"    "dream come"
## [6] "come true"
```

这里使用了 simplify 参数，并设置为"T"（TRUE 的缩写），这样可以使输出结果的格式为向量而不是列表。这样就得到句子中每两个单词所构成的词组。如果需要同时得到 2 元和 3 元，可以一步直接生成。

```
"I never have a dream come true." %>%
  tokenize_ngrams(n_min = 2,n = 3,simplify = T)
## [1] "i never"        "i never have"   "never have"       "never have a"
## [5] "have a"         "have a dream"   "a dream"          "a dream come"
## [9] "dream come"     "dream come true" "come true"
```

通过设置 n 与 n_min 两个参数，可以得到从 n_min 元到 n 元的所有连续的单词组合。

## 6.2.5　字符切分

tokenizers 包还支持对元字符进行切分，也就是把英文单词切分成单个字母。如下所示。

```
"Hello world!" %>%
  tokenize_characters(simplify = T)
## [1] "h" "e" "l" "l" "o" "w" "o" "r" "l" "d"
```

这个功能在中文中同样适用。

```
"你好世界!" %>%
  tokenize_characters(simplify = T)
## [1] "你" "好" "世" "界"
```

## 6.3  去除标点

在进行文本数据挖掘的时候，对于内容分析来说，标点符号一般不会表达过多的信息量，因此在预处理中会去除掉标点符号，这在 tokenizers 包中的大部分函数中都是默认的设置。但是如果需要，也可以保留这些标点符号，举例如下。

```
#去除标点
"你好世界!" %>%
  tokenize_words(simplify = T)
## [1] "你好" "世界"
#留下标点
"你好世界!" %>%
  tokenize_words(simplify = T,strip_punct = F)
## [1] "你好" "世界" "!"
```

另一种方法就是，在分词之前使用 stringr 包的 **str_replace** 函数直接清除掉所有的标点符号，如下所示。

```
"你好世界!" %>%
  str_replace_all("[:punct:]","") #把标点符号替换为空值
## [1] "你好世界"
```

## 6.4  去除停用词

在中文中，"的""呢""了"往往没有过多的实际意义，而英文中的"is""the"等词也类似。因此在分词的时候，有时候会选择删除一些没有意义的词（称之为停用词，英文名叫 stop words）。在英文分词中，**tokenize_words** 函数的 stopwords 参数可以设置停用词，它能够接收一个停用词的向量，如下所示。

```
# 不去除停用词
"I never have a dream come true." %>%
```

```
tokenize_words()
## [[1]]
## [1] "i"     "never" "have" "a"     "dream" "come" "true"
# 去除停用词
"I never have a dream come true." %>%
  tokenize_words(stopwords = c("have","a"))
## [[1]]
## [1] "i"     "never" "dream" "come"  "true"
```

在中文分词中，jiebaR 包提供了一个停止词库（可以输入 STOPPATH 来查询其文件路径和名称），可以自动进行停止词的删除。如果需要自定义停止词库，可以自己构建一个记事本，把停止词放入，然后在设置分词器时把 stop_word 参数改为新路径的文件位置即可。

## 6.5　扩展缩写

在非正式的英语书写表达中，往往包含一些习惯性的简写，例如"I am"会被简写成"I'm"，"there is"会被简写成"there's"等，这给文本数据挖掘带来了额外的障碍，因此需要将其归一为标准的格式。**qdap** 包中的 **replace_contraction** 函数能够完成这个功能，如下所示。

```
p_load(qdap)

x <- c("Mr. Jones isn't going.",
    "Check it out what's going on.",
    "He's here but didn't go.",
    "the robot at t.s. wasn't nice",
    "he'd like it if i'd go away")

replace_contraction(x)
## [1] "Mr. Jones is not going."           "Check it out what is going on."
## [3] "He is here but did not go."        "The robot at t.s. was not nice"
## [5] "He would like it if I would go away"
```

除了这种连词缩写外，qdap 包还提供了多种扩展其他缩写的函数，例如 **replace_abbreviation**（缩写替换）、**replace_number**（数字替换）、**replace_symbol**（符号替换）和 **replace_ordinal**（序词替换）。感兴趣的读者可以一一查阅进行学习和使用。

## 6.6　词干提取

在英文中，词干（stem）是单词的基本形式，一个词干能够通过与不同后缀的组合构成不同的单词。例如，英文动词"jump"在不同的时态中，有不同的表现形式，在一般现在时的时候用"jumps"，在正在进行时的时候使用"jumping"，在一般过去时的时候使用

"jumped"，但是这些词所表达的意思其实都是跳跃，因此应该归并为"jump"。使用 tokenizers 包中的 **tokenize_word_stems** 函数可以对英文单词进行词干提取，实际上它是借用了 SnowballC 包的 **wordStem** 函数。如下所示。

```
"London bridge is falling down." %>%
  tokenize_word_stems(simplify = T)
## [1] "london" "bridg"  "is"     "fall"   "down"
```

可以看到，"bridge"的词干形式为"bridg"，因为它也能够作为动词和名词产生其他变式，其他衍生词包括"brigding""bridges"；至于"falling"这个词就直接被提取为"fall"。

## 6.7　词形还原与词性标注

词形还原（lemmatization）完成的功能与词干提取类似，在词干提取中最后获得的结果很可能不能够表达任何意义，如 6.6 节中提取出来的"bridg"，词干不一定是标准、正确的单词，这样就不太方便进行分析理解。而词形还原则一定能够在最后获得一个真正的英文单词（不会出现"bridg"而是一定会截取为"bridge"）。在 R 中 udpipe 包可以实现词形还原，具体示例如下。

```
p_load(udpipe) #加载相关包

udpipe_download_model(language = "english",  #下载英文词形还原的模型
                      model_dir = "model/") -> udmodel  #把模型放在所在目录下名为
model 的文件夹中
en_model <- udpipe_load_model(file = udmodel$file_model)

udpipe_annotate(en_model,
                "London bridge is falling down.") %>%
  as_tibble() %>%
  select(token,lemma)
## # A tibble: 6 x 2
##   token   lemma
##   <chr>   <chr>
## 1 London  London
## 2 bridge  bridge
## 3 is      be
## 4 falling fall
## 5 down    down
## 6 .       .
```

结果中的 token 列为分词结果，而 lemma 为词形还原结果。可以看到，"bridge"没有被

进行更深度的还原，而"is"则被还原为"be"。上面代码中的 model_dir 参数可以设置模型保存的路径，如果不进行选择，会自动下载到当前的工作目录。此处在当前工作目录中创建了一个名为 model 的文件夹，如下所示。如果已经下载了模型，可以直接进行使用。

```
udpipe_load_model(file = "model/english-ewt-ud-2.4-190531.udpipe") -> en_model
```

udpipe 包能够支持各个国家语言文本的挖掘，下边的示例是对中文文本进行词形还原。但是需要注意的是，一般需要先把文本转化为 UTF-8 的编码格式才能够得到正确的结果。

```
udpipe_download_model(language = "chinese",  #下载中文词形还原的模型
                      model_dir = "model/") -> udmodel  #把模型放在所在目录下名为
model 的文件夹中
  cn_model <- udpipe_load_model(file = udmodel$file_model)

udpipe_annotate(cn_model,
                "花谢花飞花满天" %>% iconv(to = "UTF-8")) %>%
  as_tibble() %>%
  select(token,upos)
## # A tibble: 7 x 2
##   token upos
##   <chr> <chr>
## 1 花    PROPN
## 2 谢    NOUN
## 3 花    PART
## 4 飞    NOUN
## 5 花    PART
## 6 满    NOUN
## 7 天    PART
```

还可以通过 udpipe 包获得这些英文词语的词性标注，即判断它们是名词、形容词还是动词等，如下所示。

```
udpipe_annotate(en_model,
                "Kate is a beautiful girl.") %>%
  as_tibble() %>%
  select(token,upos)
## # A tibble: 6 x 2
##   token     upos
##   <chr>     <chr>
## 1 Kate      PROPN
## 2 is        AUX
## 3 a         DET
## 4 beautiful ADJ
## 5 girl      NOUN
```

```
## 6 .        PUNCT
```

upos 的全称为 Universal part-of-speech tags，表示单词的词性。其中，PROPN 表示专有名词，AUX 表示助动词，ADJ 表示形容词，DET 表示限定词，NOUN 表示名词，PUNCT 表示标点符号。其他缩写的具体含义可参考 https://universaldependencies.org/u/pos/index.html。

## 6.8　批量文档预处理

上面介绍的文本预处理大多是针对字符串来开展的，但是在实际工作中，面对的往往是大量存储着文本的数据框。这时候就可以使用 tidytext 包的 **unnest_tokens** 函数来进行批量文档的预处理，特别是分词工作。以下通过具体示例进行说明。先导入一份案例数据，如下所示。

```
p_load(readtext)
DATA_DIR <- system.file("extdata/", package = "readtext")
readtext(paste0(DATA_DIR, "/csv/inaugCorpus.csv"), text_field = "texts") -> text
text
## readtext object consisting of 5 documents and 3 docvars.
## # Description: df[,5] [5 x 5]
##   doc_id           text                Year President FirstName
##   <chr>            <chr>               <int> <chr>      <chr>
## 1 inaugCorpus.csv.1 "\"Fellow-Cit\"..."  1789 Washington George
## 2 inaugCorpus.csv.2 "\"Fellow cit\"..."  1793 Washington George
## 3 inaugCorpus.csv.3 "\"When it wa\"..."  1797 Adams      John
## 4 inaugCorpus.csv.4 "\"Friends an\"..."  1801 Jefferson  Thomas
## 5 inaugCorpus.csv.5 "\"Proceeding\"..."  1805 Jefferson  Thomas
```

接下来，可以对 5 个文档同时进行分词，例如，使用 **tokenize_words_stem** 函数作为 unnest_tokens 中的分割函数进行词干提取。

```
text %>%
  unnest_tokens(output = stem,   #输出列名称
                input = text,    #输入列名称
                token = tokenize_word_stems) #分词算法设置
## readtext object consisting of 7783 documents and 3 docvars.
## # Description: df[,6] [7,783 x 6]
##   doc_id           Year President FirstName stem     text
## * <chr>           <int> <chr>      <chr>     <chr>    <chr>
## 1 inaugCorpus.csv.1 1789 Washington George    fellow  "\"\"..."
## 2 inaugCorpus.csv.1 1789 Washington George    citizen "\"\"..."
## 3 inaugCorpus.csv.1 1789 Washington George    of      "\"\"..."
```

```
## 4 inaugCorpus.csv.1  1789 Washington George     the    "\"\"..."
## 5 inaugCorpus.csv.1  1789 Washington George     senat  "\"\"..."
## 6 inaugCorpus.csv.1  1789 Washington George     and    "\"\"..."
## # ... with 7,777 more rows
```

这样就会得到一个新列 stem，它包含所有文件词干提取之后的结果，能够对应于相应的 doc_id。这种批处理能够带来的便利，将在后面的章节中继续深入介绍。

# 第 7 章

# 上手文本数据挖掘——
# 文本特征提取的 **4** 种方法

**本章概述：**

在前面的章节中，对文本数据挖掘的基本概念进行了介绍，并说明了文本数据预处理的基本手段。在本章中，将结合前面的认知与技术对文本分析任务进行进一步的讲解。首先要介绍的就是对文本特征进行提取，它属于特征工程的范畴。特征工程（Feature Engineering）是指利用领域知识从原始数据中提取有价值信息的过程。对于文本数据而言，它们本身属于非结构化的数据，要让计算机能够识别并计算，就必须转换为数字信息。文本特征有很多种，比较浅层的有计算文档中单词的数量与标点符号的数量，深层次的可以对特定短语的词频和 TF-IDF（正文将会详细介绍）进行统计，甚至根据短语之间的共现关系来构建向量。本章将会针对文本特征提取这个主题，介绍一些基本概念，并对相关的 R 语言实现进行举例说明。

## 7.1 基本特征提取

文字是信息的载体，而其中与内容无关的一些形式往往也包含着有价值的信息，这些形式包括字符的数量、句子的数量、每个词的长度、标点符号（逗号、句号、问号、惊叹号）的数量等，它们构成了文本的基本特征。在 R 语言中，**textfeatures** 包提供了从字符对象中提取这些基本特征的便捷方法，而且使用起来极其便捷。以下结合实例进行说明。在实例中，将对 3 段文本同时进行提取（一个长度为 3 的字符串向量），让其输出一个包含 3 行的数据框，其中囊括了这些文本的一些基本特征。

```
library(pacman)
p_load(textfeatures,tidyverse)
```

```r
text_vectors = c("My Chinese name is Huang Tian-Yuan, my English name is Hope.",
  "The website of my Github is https://github.com/hope-data-science, also I hold a
  Zhihu blog at https://zhuanlan.zhihu.com/c_1019948391228395520.",
  "In addition, I am the author and maintainer of a package named akc, you can
find it
  at my Github (https://github.com/hope-data-science/akc). Find more details in the
  vignette at https://hope-data-science.github.io/akc/articles/akc_vignette.html.")


text_vectors %>%
  textfeatures(sentiment = F,
              word_dims = F,
              normalize = F,
              verbose = F) %>%   #不需要显示分析进程
  print(width = Inf)  # 把结果全部显示出来
## # A tibble: 3 x 29
##   n_urls n_uq_urls n_hashtags n_uq_hashtags n_mentions n_uq_mentions n_chars
##    <int>     <int>      <int>         <int>      <int>         <int>   <int>
## 1      0         0          0             0          0             0      50
## 2      2         1          0             0          0             0      43
## 3      2         1          0             0          0             0     108
##   n_uq_chars n_commas n_digits n_exclaims n_extraspaces n_lowers n_lowersp
##        <int>    <int>    <int>      <int>         <int>    <int>     <dbl>
## 1         22        1        0          0             0       40     0.804
## 2         20        0        0          0             3       39     0.909
## 3         26        2        0          0             4      101     0.936
##   n_periods n_words n_uq_words n_caps n_nonasciis n_puncts n_capsp
##       <int>   <int>      <int>  <int>       <int>    <int>   <dbl>
## 1         1      11          9      7           0        1   0.157
## 2         0      13         13      4           0        0   0.114
## 3         0      28         26      4           0        1  0.0459
##   n_charsperword n_first_person n_first_personp n_second_person n_second_personp
##            <dbl>          <int>           <int>           <int>            <int>
## 1           4.25              1               0               0                0
## 2           3.14              2               0               0                0
## 3           3.76              2               0               1                1
##   n_third_person n_tobe n_prepositions
##            <int>  <int>          <int>
## 1              0      1              0
## 2              0      1              2
## 3              0      1              3
```

上述结果输出的数据框一共包含 29 列，下面节选部分属性进行简要的介绍。

● n_urls：文本中包含的 URL 的数量。

- n_uq_urls：文本中包含唯一 URL 的数量（本例中的计算结果并不准确）。
- n_chars：总字符数量；
- n_commas：逗号的数量；
- n_lowers：小写字符数量；
- n_lowersp：小写字符比例；
- n_words：单词总数量；
- n_uq_words：唯一单词的数量；
- n_first_person：第一人称单数单词的数量；
- n_second_personp：第二人称复数单词的数量；
- n_prepositions：介词的数量。

想要获知所有列表头属性的含义，可以通过输入?count_functions 进行查询。关于 textfeatures 更多的介绍可以参考 https://textfeatures.mikewk.com/。如果需要进行其他个性化的计数，可以使用前面章节提到的 stringr 包的 str_count 函数进行实现。

需要注意的是：

1）**textfeatures** 包特征提取的功能目前只能针对英文文本，包的设计对新闻社交媒体的数据分析相对更友好一些，个人在用的时候应该先做测试和验证，再决定是否使用和如何使用；

2）这里手动地对 **textfeatures** 包的默认设置进行了更改，sentiment 参数能够自动进行情感分析，word_dims 则可以使用词袋模型对文本进行向量化（后面章节会单独介绍），normalize 参数可以对数据按列进行归一化，在这个例子中把以上功能都禁用了。

## 7.2　基于 TF-IDF 的特征提取

在对一段文本进行分词之后，有的词出现的次数会比较多，因此往往对其出现的频次进行统计，作为该词重要程度的度量。基于这个思想，词频（Term Frequency，TF）被广泛应用于基本的文本数据挖掘。在实际应用中，人们发现，分词过后经常出现的词包含一些常用而又不带有信息量的词，例如中文里面的"的""了""呢"，英文中的"the""it""is"。为了在评估的时候降低这种词的重要性比重，产生了逆文档频率（Inverse Document Frequency，IDF）这一概念。它的计算公式为：

$$IDF_{term} = \ln \frac{N}{df_{term}}$$

其中，$N$ 表示语料库中文档的总数，$df_{term}$ 表示语料库中出现了 term 这个词的文档数量。可以看出，如果一个词在多个文档中都出现 $df_{term}$ 会上升，那么这个 term 的 IDF 就会下降。而我们常提到的 TF-IDF 的计算公式为：

$$TF\text{-}IDF = TF \times IDF$$

TF-IDF 就是词频 TF 与逆文档频率 IDF 的乘积，它背后的思想是：词语的重要性与它在文件中出现的次数成正比，但同时会随着它在语料库中出现的频率成反比。

例如，如果在一篇论文或一次演讲中，我们反复提到一些词，那么这些词可能会比其他的词更重要。但是如果这些词别人也都在用，那么这些词就不能称之为我们文章或者演讲的特色（如大量的常用词）。为了能够提取出文本中"最具特色"的表征性关键词，需要利用 TF-IDF 算法，也就是说：如果某个词或者短语在一个文档中出现多次，但是在其他文档中很少出现，就可以认为这个词或短语具有很好的区分性，适合用来对这个文档进行表征。要在 R 中计算 TF-IDF 是非常便捷的，可以使用 **tidytext** 包的 **bind_tf_idf** 函数进行实现。下面结合实例来进行说明。

```
library(pacman)
p_load(tidyverse,tidytext)

# 构建文本
corpus = tibble(id = 1:3,text = c("I love you","I trust you","Nobody but you"))
corpus
## # A tibble: 3 x 2
##      id text
##   <int> <chr>
## 1     1 I love you
## 2     2 I trust you
## 3     3 Nobody but you
# 分词与计数
corpus %>%
  unnest_tokens(text,text) %>%
  count(id,text)-> tidy_table

# 计算 TF-IDF
tidy_table %>%
  bind_tf_idf(text,id,n)
## # A tibble: 9 x 6
##      id text      n    tf   idf tf_idf
##   <int> <chr> <int> <dbl> <dbl>  <dbl>
## 1     1 i         1 0.333 0.405  0.135
## 2     1 love      1 0.333 1.10   0.366
## 3     1 you       1 0.333 0      0
## 4     2 i         1 0.333 0.405  0.135
## 5     2 trust     1 0.333 1.10   0.366
## 6     2 you       1 0.333 0      0
## 7     3 but       1 0.333 1.10   0.366
## 8     3 nobody    1 0.333 1.10   0.366
## 9     3 you       1 0.333 0      0
```

可见，获得的结果包含 tf、idf 和 tf-idf 3 列，附在数据框的最右端。从结果中我们可以看到，所有词在自身的文档中都只出现了一次，因此词频都是 33.3%。但是"I"和"you"在多个文档中都出现了，因此它们的 IDF 很低。这也会在 TF-IDF 中得到体现，这两个词的权重会相对减少。

# 7.3 词嵌入

词嵌入（Word Embedding）是自然语言处理中语言模型与特征学习技术的统称，能够把字符型的单词或短语嵌入到连续向量空间中，把它们转化为数值型的向量。词嵌入的本质目标是利用统一的规则进行特征提取，并依赖这些特征构建一个参照系，以此来度量不同词之间的差异程度。例如"苹果""桃子""计算机"，显然前两个词语的相似度更高，但是如何度量就需要依赖词嵌入的方法，在这些词出现的背景中进行量化特征提取来构建这个参照系。在本节中，将会对一些常用的词嵌入方法进行介绍，并给出相关的 R 语言实现。

## 7.3.1 基于 BOW

BOW 的全称是 Bag of Words，中文常称之为词袋模型。这种方法是信息的简化表示，把文本表示为词语的集合，不考虑文中的语法或者词序，但是能够对内容的多样性进行记录。事实上，在介绍 TF-IDF 的时候，我们已经使用了 BOW 的模型来分析，这里对 BOW 进行更详细的说明。此处沿用前面的例子，例如我们有 3 个文档，内容分别为"I love you""I trust you"和"Nobody but you"，3 个文档序号分别为 1、2、3。那么，如果要构建一个词袋模型，如表 7.1 所示。

表 7.1 构建词袋模型

| Document ID | i | love | you | trust | but | nobody |
|:---:|:---:|:---:|:---:|:---:|:---:|:---:|
| 1 | 1 | 1 | 1 | 0 | 0 | 0 |
| 2 | 1 | 0 | 1 | 1 | 0 | 0 |
| 3 | 0 | 0 | 1 | 0 | 1 | 1 |

表 7.1 中的数值代表该词在文档中出现的频次，不过这里文档非常短，这些词出现的频次都是 1。这种方法非常像 one-hot 编码，但是其实不仅仅可以用词频作为数值，也可以使用我们上面提到的 TF-IDF 来进行表征如下所示。

```
tidy_table %>%
  bind_tf_idf(text,id,n) %>%
  cast_dfm(id,text,tf_idf)
## Document-feature matrix of: 3 documents, 6 features (50.0% sparse).
##    features
## docs       i       love you    trust      but      nobody
##    1 0.135155 0.3662041   0 0        0        0
##    2 0.135155 0         0 0.3662041 0        0
##    3 0        0         0 0         0.3662041 0.3662041
```

这里的输出结果是一个带属性的矩阵，如果想要转化为数据框格式，可以使用

as.data.frame 来实现。词袋模型简洁易懂，在分类等文本数据挖掘任务中可用性很强。不过我们可以看到，如果词语的数量非常多的时候，会构成一个巨大的稀疏矩阵，这对于计算机的运算是一大挑战。在 R 语言中，**text2vec** 包对词袋模型的高性能运算提供了强大的实现方法（可参考 http://text2vec.org/vectorization.html），下面进行简要的介绍。text2vec 包的数据操作是由 data.table 支持的，所以它非常快。首先载入数据。

```
library(pacman)
p_load(text2vec,tidyverse)
data("movie_review")

movie_review %>%
  as_tibble() %>%
  select(-sentiment) %>%        #不需要 sentiment 列
  slice(1:100) -> train         #只取前 100 行做向量化

train
## # A tibble: 100 x 2
##    id        review
##    <chr>     <chr>
##  1 5814_8    "With all this stuff going down at the moment with MJ i've started l~
##  2 2381_9    "\\\"The Classic War of the Worlds\\\" by Timothy Hines is a very en~
##  3 7759_3    "The film starts with a manager (Nicholas Bell) giving welcome inves~
##  4 3630_4    "It must be assumed that those who praised this film (\\\"the greate~
##  5 9495_8    "Superbly trashy and wondrously unpretentious 80's exploitation, hoo~
##  6 8196_8    "I dont know why people think this is such a bad movie. Its got a pr~
##  7 7166_2    "This movie could have been very good, but comes up way short. Chees~
##  8 10633_1   "I watched this video at a friend's house. I'm glad I did not waste ~
##  9 319_1     "A friend of mine bought this film for 1, and even then it was gross~
## 10 8713_10   "<br /><br />This movie is full of references. Like \\\"Mad Max II\\~
## # ... with 90 more rows
```

现在，数据表格就在 dt 中。下面对数据进行简单的预处理。

```
prep_fun = tolower            #预处理函数为转化成小写
tok_fun = word_tokenizer      #分词器为简单的空格分割

# 完成预处理与分词
it_train = itoken(train$review,               #文本列
          preprocessor = prep_fun,            #预处理函数定义
          tokenizer = tok_fun,                #分词器定义
          ids = train$id,                     #ID 列
          progressbar = FALSE)                #是否显示进度条，时间长的时候推荐使用
vocab = create_vocabulary(it_train)           #构建词汇表
```

最后，对文本进行向量化。

```
vectorizer = vocab_vectorizer(vocab)
system.time({    #测试运行时间
  dtm_train = create_dtm(it_train, vectorizer)
})
##    user  system elapsed
##    0.03    0.00    0.03
```

获得的 dtm_train 变量就是把文本向量化之后的结果。返回的对象是一个稀疏矩阵，行名称是文档 ID，列名称是切割之后的文本（本例中是英文单词）。

### 7.3.2　基于 word2vec

word2vec 是一组用于生成词向量的自然语言处理工具，主要是基于双层神经网络，经过训练后可以为单词生成一个向量空间，为每一个单词都分配一个向量。在生成的向量空间中，意思越相近的单词向量之间的距离越小，反之则越大。word2vec 有两种模式，分别是 CBOW 和 skip-gram。前者的全称是"Continuous Bag-Of-Words"，即连续词袋模型，它能够在一定长度的窗口中根据上下文的单词（不分顺序）来预测当前词。后者的全称是"continuous skip-gram"，与 CBOW 相反，这个模型能够在一定窗口内根据当前词来预测上下文的单词。在实践中发现，CBOW 的处理速度更快，但是在对非常用词的向量化上，skip-gram 做得更好。关于模型的原理细节，可以参照原作者 Tomas Mikolov 等人在 arXiv 预印本平台发表的文章 "Distributed Representations of Words and Phrases and their Compositionality"（https://arxiv.org/pdf/1310.4546.pdf）。

在 R 语言中，可以使用 word2vec 包来对上述算法完成实现。该包主要是利用 Rcpp 作为底层来完成的，不仅依赖性弱，而且计算性能也非常强。同时，对于算法实现的过程上也非常便捷。在数据上，只需要给出一个字符型向量即可。而在模型上（主要利用 word2vec 函数实现），默认的参数基本可以完成自动化实现，但是用户可以根据自己的需要来进行调整。如 type 可以选择使用 COBW 模型还是 skip-gram 模型；dim 参数可以决定输出向量的维度数量；iter 可以选择模型训练的迭代次数等。下面，将采用官方文档提供的案例对 word2vec 包进行简要介绍，这个案例对 udpipe 软件包中的 brussels_reviews 数据集中的部分文本材料进行了向量化操作，具体步骤如下。

```
library(pacman)
p_load(udpipe,word2vec)

# 取出部分文本数据
data(brussels_reviews, package = "udpipe")
x <- subset(brussels_reviews, language == "nl")
x <- tolower(x$feedback) # 转化为小写

# 查看x的数据结构
str(x)
```

```
## chr [1:500] "zeer leuke plek om te vertoeven , rustig en toch erg centraal
gelegen in het centrum van brussel , leuk adres o"| __truncated__ ...
# x 是一个长度为 500 的文本段落

# 进行建模，设置维度为 15，训练迭代次数为 20
model <- word2vec(x = x, dim = 15, iter = 20)
```

经过以上的操作，训练完成的模型现在就生成在 model 中了。如果需要获得词向量，可以使用 as.matrix 函数来进行转化，如下所示。

```
emb   <- as.matrix(model)
head(emb) #观察前 6 个词向量
##                    [,1]        [,2]        [,3]        [,4]        [,5]        [,6]
## bernard     0.3400202 -1.0530014 -0.6664717 -0.04455555 -0.05937481 -1.8262305
## sleutels    1.1363308 -0.5527781 -0.2397682 -0.99518490 -0.72518420 -2.0949531
## geval       1.0499057 -0.6821824  0.5485913 -0.46773431 -0.86247158 -2.5021622
## hartelijke  0.8628477 -0.7631089 -0.7377076  0.60262287 -0.15023273 -1.6010203
## drukke      0.5187834 -0.6278837  0.8901911 -1.90620911 -1.46609187 -0.5192322
## frans       0.5178132 -0.4898838 -0.5907274 -0.15267549 -0.48002955 -2.2439678
##                    [,7]        [,8]        [,9]       [,10]       [,11]       [,12]
## bernard    -0.04888724  0.42464781 -0.1255322  0.2789252  0.6747302  0.2333298
## sleutels   -0.75590122  0.24754043 -0.2819721 -0.6812802  1.7452155  0.5953764
## geval      -0.06915367 -0.42497885 -0.3429015 -0.3782260  1.2521257  1.0778843
## hartelijke -0.36377773  0.55505568  0.3885011  0.6478316  0.2793824  0.8677034
## drukke      1.30748367 -0.82137251  0.1663229 -0.7380721  0.3125866 -0.1096123
## frans      -1.16907871  0.05077874 -0.4802164  0.1812820  1.2036613  0.3385848
##                   [,13]       [,14]       [,15]
## bernard     0.4439726 -1.3385354 -2.6862609
## sleutels    0.2925803 -1.4274505 -0.8607001
## geval       0.3783563 -1.5765928 -0.3216279
## hartelijke -0.4411005 -0.5608823 -2.7979982
## drukke      0.6001135 -1.5728652 -1.2614188
## frans       0.3438629 -1.7939283 -1.5235287
```

至此，已经获得了各个词的向量。这些词的单个向量没有任何意义，但是它们在多维空间中的相对距离能够表征它们相互之间的差异性。如果想要探知和 "bus" "toilet" 两个词意思最接近的 5 个其他单词，那么可以操作如下。

```
nn <- predict(model, c("bus", "toilet"), type = "nearest", top_n = 5)
nn
## $bus
##    term1  term2 similarity rank
## 1  bus    voet  0.9930283     1
## 2  bus    ben   0.9883866     2
```

```
## 3   bus    tram 0.9870895    3
## 4   bus gratis 0.9797970    4
## 5   bus buiten 0.9772472    5
##
## $toilet
##    term1     term2 similarity rank
## 1 toilet  koelkast 0.9862595    1
## 2 toilet    douche 0.9853355    2
## 3 toilet    werkte 0.9791976    3
## 4 toilet voldoende 0.9774539    4
## 5 toilet      wifi 0.9761743    5
```

训练获得的模型可以保存成二进制文件，以供后续取用可以使用 write.word2vec 函数实现，如下所示。

```
path = "..." #请输入你的文件路径
write.word2vec(model,file = path)
```

如果需要导入输出的模型，可以使用 read.word2vec 函数实现，如下所示。

```
model <- read.word2vec(path)
```

### 7.3.3　基于 GloVe

GloVe 的全称是 Global Vectors for Word Representation，它是一种用于获取词向量表示的无监督学习算法，由斯坦福大学 Pennington 等人提出，是 word2vec 方法的一种优化改进。尽管与 BOW 相似，都是基于词之间共现关系，但是这个算法能够保留基于上下文关系保留更多的语境信息，能够取得更好的向量化效果。对这个算法感兴趣的读者，可以参考官网 https://nlp.stanford.edu/projects/glove/的资料。在 R 语言中，text2vec 包能够对 GloVe 算法进行实现。这里我们依旧沿用之前的 movie_review 数据集，并在适当的地方进行注释，代码如下。

```
library(pacman)
p_load(tidyverse,text2vec)

data("movie_review")

#这里的 space_tokenizer 函数会根据空格进行分词，用户可自行定义其他分词器
movie_review %>%
  as_tibble() %>%
  select(id,review) %>%
  mutate(token = space_tokenizer(review)) %>%
  pull(token) -> tokens

it = itoken(tokens, progressbar = FALSE)
```

```
vocab = create_vocabulary(it)

#词汇出现 5 次以上才会被保留
vocab = prune_vocabulary(vocab, term_count_min = 5L)

vectorizer = vocab_vectorizer(vocab)
#窗口宽度设置为 5
tcm = create_tcm(it, vectorizer, skip_grams_window = 5L)

# 把词向量维度设为 50, x_max 为权重函数只能够使用的最大共现数
glove = GlobalVectors$new(word_vectors_size = 50, vocabulary = vocab, x_max = 10)
# n_iter 为 SDG 迭代次数
wv_main = fit_transform(tcm, glove, n_iter = 10)

wv_context = glove$components
dim(wv_context)
word_vectors = wv_main + t(wv_context)
```

所得到的 word_vectors 变量就是最终结果，它是一个矩阵，每行代表一个词语，每列则是其中一个维度，这里认为设定维度数量是 50。上面仅给出一个快速简单的可行方案，但是关于参数的设置，还需要了解更多原理方面的知识，具体可参考论文 *GloVe: Global Vectors for Word Representation* （https://nlp.stanford.edu/pubs/glove.pdf）。

官方网站有另外一个针对更大文本的案例，有兴趣的读者可以去尝试一下（http://text2vec.org/glove.html）。

### 7.3.4　基于 fastText

fastText 是由 Facebook 人工智能研究实验室（Facebook's AI Research, FAIR）开发的免费开源库，可以完成词嵌入和文本分类等任务。与 GloVe 类似，它也是 word2vec 的一种扩展，但它利用了神经网络对词语进行向量化，能够对字符级的特征进行学习。相关介绍可以参考官网（https://fasttext.cc/）。目前，Facebook 利用网上的语料库已经训练生成了一些词向量库，可以直接使用。fastText 模型硬件兼容性强，可以在各种系统上运行；同时，它能够满足对不同语言的支持，相关的预训练词向量库可以在 https://fasttext.cc/docs/en/english-vectors.html 和 https://fasttext.cc/docs/en/crawl-vectors.html 找到。在 R 语言中，可以使用 fastrtext 包便捷地完成词嵌入任务。为了与上面进行比较，此处依然使用 text2vec 包中自带的 movie_review 数据集进行说明。

```
library(pacman)
p_load(tidyverse,fastrtext,text2vec)

data("movie_review")
```

```
# 提取文本
movie_review %>%
  as_tibble() %>%
  pull(review) %>%
  tolower() %>%
  str_remove_all("[:punct:]") -> texts

# 构建文本文档来，随后执行向量化
tmp_file_txt <- tempfile()
tmp_file_model <- tempfile()
writeLines(text = texts, con = tmp_file_txt)
execute(commands = c("skipgram", "-input", tmp_file_txt, "-output", tmp_file_model,
"-verbose", 1))

#载入模型
model <- load_model(tmp_file_model)

#获取字典
dict <- get_dictionary(model)

#获得词向量
word_vectors = get_word_vectors(model)

# 释放内存
unlink(train_tmp_file_txt)
unlink(tmp_file_model)
rm(model)
gc()
```

获得的词向量存储在 word_vectors 变量中，因为文件的执行是在外部，因此每次执行都需要创建临时文件先把文本写出，运行后所生成的模型也会保存在临时文件中，使用的时候需要用 **load_model** 函数进行载入。在最后的时候，可以使用 **unlink** 函数对这些临时文件进行删除，并移除 model 变量，这样可以及时清理内存。

## 7.4　文档向量化：**doc2vec**

如果可以用向量来测度单词之间的相似性，那么是否能够对整段文档也进行向量化呢？答案是肯定的。一种方法就是对文档进行分词，然后利用获得的词向量，用文档中所有词汇向量进行加和，然后再除以一个标量来获得文档表示向量。在 R 中，**textTinyR** 包的 **Doc2Vec** 函数能够完成这个功能。下面，依然用 text2vec 包中自带的 movie_review 数据集进行演示说明，不过这里只取前 5 列来降低计算成本。

```r
library(pacman)
p_load(tidyverse,textTinyR,text2vec)
data("movie_review")

#########使用上面的 Glove 方法先生成词向量
movie_review %>%
  as_tibble() %>%
  select(id,review) %>%
  mutate(token = space_tokenizer(review)) %>%
  pull(token) -> tokens

it = itoken(tokens, progressbar = FALSE)
vocab = create_vocabulary(it)

#词汇出现 5 次以上才会被保留
vocab = prune_vocabulary(vocab, term_count_min = 5L)

vectorizer = vocab_vectorizer(vocab)
#窗口宽度设置为 5
tcm = create_tcm(it, vectorizer, skip_grams_window = 5L)

# 把词向量维度设为 50，x_max 为权重函数只能够使用的最大共现数
glove = GlobalVectors$new(word_vectors_size = 50, vocabulary = vocab, x_max = 10)
# n_iter 为 SDG 迭代次数
wv_main = fit_transform(tcm, glove, n_iter = 10)

wv_context = glove$components
dim(wv_context)
word_vectors = wv_main + t(wv_context)
#########向量存储在 word_vectors 变量中

## 保存词向量
word_vectors %>%
  write.table(file = "wv.txt",col.names = F)
## 转化清洗
readLines("wv.txt") %>%
  str_remove_all("\\\"") %>%
  writeLines("wv.txt")
## 现在路径下的 wv.txt 存储着标准格式的词向量

## 提取需要向量化的文档
tok_text = tokens[1:5]

## 文档向量化
```

```
init = Doc2Vec$new(token_list = tok_text,
                    word_vector_FILE = "wv.txt")
out = init$doc2vec_methods(method = "sum_sqrt")

## 删除向量化词汇表
unlink("wv.txt")
```

最后，输出的 out 变量就是向量化后的文档，它是一个矩阵，每一行都是一个文档的向量化格式（按照输入顺序从上往下排列）。需要注意的是，这里的 method 参数使用了"sum_sqrt"，它表示文档向量会对词汇向量先进行简单加和获得一个新的向量 INITIAL_WORD_VECTOR，然后对这个向量求平方和再开方得到一个标量 k，最后 INITIAL_WORD_VECTOR 除以 k 就是最后的文档向量。textTinyR 还提供了其他的标准化方法，详细的内容可参考帮助文档（输入"?Doc2Vec"命令）。

# 第8章
# 文本分类——
# 基于机器学习的方法

**本章概述：**

文本分类，顾名思义，就是针对文本的内容，对其基本单元（单词、句子、段落、篇章等）进行归类。在数据挖掘实践中，文本分类能够对非结构化的文本数据进行自动标记或对新文本进行类型判断。广义的文本分类包括有监督分类（带有标注）和无监督分类（无先验知识），而狭义的文本分类则通常特指有监督的文本分类。本章将会对这两种分类进行简要介绍，并针对相关的方法给出相关的 R 语言实现方法。

## 8.1 无监督分类

在实际工作中，经常会有这种任务：给定一堆无标注的文本，需要根据一定的规则对文本进行分类。分类的终极目的，就是为了对不同的样本进行总结，从而获知不同群体的特征，进行更加细化的管理。分类总是需要有一定的依据，例如有的文本含有科技性的内容，而其他没有，就可以把文本分为科技类和非科技类；有的文本是小说诗歌等文学性较强的内容，而另一些是科学性较强的论文，就可以把文本分为文学类和科学类。要识别这些文本内容，就需要对特定的元素进行提取（例如文学性文章会更多使用成语，而科学类文章会更多采用术语，这些都是需要被提取的元素），这其实是特征工程的一部分。根据分类内容、目的的不同，所采用的一系列方法也大相径庭。本章，将会针对较为常见的无监督分类任务及其应对方案进行介绍和实践分析。

### 8.1.1 基于文本相似度的聚类

"相似相溶"是一个化学术语，指的是相似的溶质能够融在一起。例如水和油会分离，但是水和水、油和油就可以融合在一起。基于文本相似度的聚类原理与此一致，认为如果两个文本比较相似，那么它们应该属于一类。例如对"男生""男子""女神""女性"这 4 个词进行分类，因为"男生"和"男子"都包含"男"字，"女神"和"女性"都包含"女"字，因此这 4 个词能够分为"男"和"女"两类。在实践中，文本可能不是词语，而是句子、段落或篇章，那么就要先进行统一的特征提取，然后对文本单元之间的相似度进行统计。根据一定的聚类方法，相似度较大的文本会被分为同一类。下面将会从相似度量和聚类方法两个方面来展开介绍。

1．相似度计算

文本相似度的界定往往要根据文本基本单元及其具体任务而定，这里会对基于字符串和数值变量的相似度计算进行介绍。首先，介绍字符串的相似度计算。在 R 语言的基本包中，**adist** 函数能够对字符串的 Levenshtein 距离进行计算，这个方法由苏联科学家 Vladimir Levenshtein 于 1965 年提出，所计算的是一个字符能够在包括插入、删除和替换在内的操作中最少用几步能够变换为另一个字符。步数越少，说明两个字符的距离就越小，那么它们的相似度也就越大。例如，计算"abc"和"efb"的距离，如下所示。

```
adist("abc","efb")
##      [,1]
## [1,]    3
```

得到距离为 3。这个算法对于中文也适用。

```
adist("你好吗","我很好")
##      [,1]
## [1,]    3
```

可见要把"你好吗"转化为"我很好"，至少要：

1）把"你"换为"我"（"我好吗"）；

2）把"吗"去掉（"我好"）；

3）在"我"和"好"之间插入"很"字（"我很好"）。

当然，也有别的转换方法，但是至少都需要 3 个步骤才能够完成。因此，这两个字符串的距离为 3。对于输出，得到的是一个距离矩阵，这是为了方便批处理。例如要知道"你好吗""我很好""她也好" 3 个字符串两两之间的距离，就可以以下面的方法进行计算。

```
adist(c("你好吗","我很好","她也好"))
##      [,1] [,2] [,3]
## [1,]    0    3    3
## [2,]    3    0    2
## [3,]    3    2    0
```

如果需要使用更多的字符串距离计算算法，可以使用 **stringdist** 包，它能够支持包括上面提到的 Levenshtein 距离在内共 10 种距离计算方法，详细介绍可以通过帮助文档中获得。下面用一个例子来简单介绍其用法。

```
library(pacman)
p_load(stringdist)

stringdist("hello","Hello",method = "lv")
## [1] 1
```

上面的例子中 method 参数设置为 "lv"，也就是采用了 Levenshtein 算法。两个字符串只有第一个字母的大小写有差异，因此二者距离为 1。

stringdist 包不仅仅支持对距离进行计算，还能够依据距离的多少来对字符串相似性进行度量，实质上是先计算其距离，然后除以最大距离获得数值 a，最后用 1 减去 a 即为字符串相似度。可以利用 stringdist 包中的 **stringsim** 函数加以实现，具体代码如下所示。

```
stringsim("hello","Hello",method = "lv")
## [1] 0.8
```

可以发现，字符串的相似度与距离成反比，完全取决于用户的需要。相似度取值总是处于 0 到 1 之间，其中 0 表示相似度最小，1 表示相似度最大。

如果已经能够对数据进行量化，获得一个只含有数值型变量的数据框或矩阵，那么可以使用 **dist** 函数来求变量或样本之间的距离。下面举例说明。

首先构造一个数值型矩阵。

```
x <- c(0, 0, 1, 1, 1, 1)
y <- c(1, 0, 1, 1, 0, 1)
rbind(x,y) -> data_matrix
data_matrix
##   [,1] [,2] [,3] [,4] [,5] [,6]
## x    0    0    1    1    1    1
## y    1    0    1    1    0    1
```

因为 dist 函数是按照行计算的，而数据本身就满足这样的格式。因此如果想要知道样本 x 和 y 之间的距离，可以编写代码如下。

```
dist(data_matrix)
##          x
## y 1.414214
```

返回值是一个矩阵，具有行名称和列名称，它的含义是 x 到 y 的距离是多少。

dist 函数提供了 6 种距离计算的方法，其中默认的方法为欧式距离计算法（默认 method 参数设定为 "euclidean"），计算公式为：

$$\sqrt{\sum_{i=1}^{n}(x_i - y_i)^2}$$

如果要对数据框中的变量进行计算，则因为 dist 函数总是根据行进行计算的，因此要先用 t 函数进行数据框的转置，再进行计算。下面例子为通过 dist 函数求 iris 数据集前四列的相互距离。

```
dist(t(iris[,1:4]))
##              Sepal.Length Sepal.Width Petal.Length
## Sepal.Width     36.15785
## Petal.Length    28.96619    25.77809
## Petal.Width     57.18304    25.86407    33.86473
```

如果需要了解更多的距离计算方法，可以输入"?dist"对各种方法进行查阅，然后按需取用。

有时我们需要更丰富的距离计算方法，可以参考 **philentropyb** 包的 **distance** 函数，其使用方法与 dist 函数类似，不过它提供了 46 种不同的距离计算方法，详细介绍可以输入"?philentropy::distance"进行查询。也可以利用常用的相关系数来表征不同变量之间的相似度，目前较好的方案为 **apcluster** 包提供的 **corSimMat** 函数，用法与之前各类函数类似，如下例所示。

```
library(pacman)
p_load(apcluster)
corSimMat(t(iris[,1:4]))
##              Sepal.Length Sepal.Width Petal.Length Petal.Width
## Sepal.Length    1.0000000   -0.1175698    0.8717538    0.8179411
## Sepal.Width    -0.1175698    1.0000000   -0.4284401   -0.3661259
## Petal.Length    0.8717538   -0.4284401    1.0000000    0.9628654
## Petal.Width     0.8179411   -0.3661259    0.9628654    1.0000000
```

其中，默认的方法是求 Pearson 相关系数，可以通过修改 method 参数来用不同的方法求这个系数，备选方法为 Spearman（method = "spearman"）和 Kendall（method = "kendall"）。

**2．聚类方法简介及实现**

聚类方法的本质是对包含多个属性的不同实体进行无监督的分类，把相似的实体分为一个组，这个方法在地理空间分析、生物医学领域、商业金融领域都有非常多实际的应用。比较常用的聚类方法包括划分聚类法（Partitioning Clustering）和层次聚类法（Hierarchical Clustering）。前者包括 k-means 聚类法、k-medoids 聚类法等，而后者则可以大致划分为合成法（Agglomerative Clustering）和分割法（Divise Clustering）。下面以一个文本分类的示例来对各种聚类方法进行解析，并介绍相应的 R 语言实现方法。

（1）数据准备

采用一组随机的字符串作为数据源生成聚类分析字符串，具体代码如下所示。

```
set.seed(2020)
# 生成 n 个长度为 k 的字符串
rstr = function(n,k){
  sapply(1:n,function(i){do.call(paste0,as.list(sample(letters,k,replace=T)))})
}
# 生成三组数据，每组分别由 "aa" "bb" 和 "cc" 开头，每组共 10 个字符串，长度均为 5
str_vec = c(paste0("aa",rstr(10,3)),paste0("bb",rstr(10,3)),paste0("cc",rstr(10,3)))
```

```
str_vec
##  [1] "aalwv" "aaxaq" "aadjf" "aaqmx" "aahjr" "aapvb" "aapcb" "aaxhd" "aarnn"
## [10] "aalpo" "bbngt" "bbrtu" "bbtpl" "bbvrj" "bbfok" "bbmxm" "bbmbp" "bbmaf"
## [19] "bbcym" "bbkye" "cckzf" "ccbyc" "ccxra" "ccvgh" "ccuxm" "ccbev" "ccdsp"
## [28] "ccwdt" "ccrja" "ccovi"
```

这一组字符串（存在 str_vec 变量中）分别是以"aa""bb"和"cc"开头的、长度为 5 的随机字符串，一共有 30 个字符串。接下来对这些字符串样本进行聚类。对于这个字符串，可以利用上面介绍的方法，对其 Levenshtein 距离矩阵进行计算，如下所示。

```
d = adist(str_vec)
```

需要注意的是，因为例子中数据的量纲是一致的，因此不需要对获得的距离矩阵进行中心化和标准化。但是有的时候，不同的列数据量级差很大，就需要先对数据进行中心化和标准化。在 R 中这个步骤是非常便捷的，使用 **scale** 函数即可实现，如下所示。

```
d_scale = scale(d)
```

不过这里并不需要执行这一步操作。接下来，采用不同的方法来对这些字符串进行聚类。

（2）k-means 聚类法

k-means 是一种经典的聚类方法，在 R 中可以使用 **kmeans** 函数进行实现。其基本算法步骤如下。

1）自定义聚类的数量 K。

2）从数据集中随机抽出 K 个样本作为聚类的中心。

3）根据样本之间的距离，把其他样本分配给离其最近的中心。

4）得到的 K 个类别中，重新计算它们的中心（即每个变量的均值向量）。

5）迭代式重复步骤 3）和 4），以减小目标损失函数（根据各样本到所属类中心距离的平方和）。这个迭代次数可以自己设置，在 R 语言提供的 kmeans 函数中，它的默认值为 10。

k-means 算法更加具体的介绍，可以参考 https://home.deib.polimi.it/matteucc/Clustering/tutorial_html/kmeans.html 中的内容。

利用 k-means 方法对上面构建好的数据进行聚类时，k-means 需要提供自定义的分类数量，数据大致可分为 3 类，每一类分别以"aa""bb"和"cc"开头。但是实践中并不一定能够直接这么判断，在这里可以使用 **factoextra** 包利用可视化的方法进行探索，确定分类数量。

```
pacman::p_load(factoextra)
fviz_nbclust(d, kmeans, method = "wss")
```

上面的代码中，d 是获得的距离矩阵，kmeans 是使用的聚类方法，而 method 则设定了最小化损失函数的计算方法（这里设置的"wss"全称为"total within sum of square"）。在输出的结果图中（图 8-1）可知，提高 k 的数值可以减少损失函数的数值，但是在 k=3 时出现拐点，也就是在 k=3 以后再提高 k 值也很难有效地减少损失函数。因此，这个例子中我们应该把 k 值设定为 3。

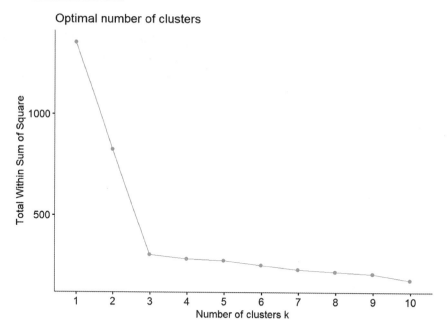

图 8.1　随着聚类数 k 的增加 wss 的变化情况

下面直接进行聚类分析。

```
km.res = kmeans(d,centers = 3)
```

上边代码中，res 中包含了聚类的结果，例如不同的字符串分别是什么类。

```
km.res$cluster
## [1] 3 3 3 3 3 3 3 3 3 3 1 1 1 1 1 1 1 1 1 1 2 2 2 2 2 2 2 2 2 2
```

可以看到，前 10 个、中间 10 个和后 10 个字符串分别属于 3 个不同类别。如果要直观地看到不同的字符串属于哪些类，可以操作如下。

```
cbind(class = km.res$cluster,string = str_vec)
##       class string
## [1,] "3"   "aalwv"
## [2,] "3"   "aaxaq"
## [3,] "3"   "aadjf"
## [4,] "3"   "aaqmx"
## [5,] "3"   "aahjr"
## [6,] "3"   "aapvb"
## [7,] "3"   "aapcb"
## [8,] "3"   "aaxhd"
## [9,] "3"   "aarnn"
## [10,] "3"  "aalpo"
## [11,] "1"  "bbngt"
## [12,] "1"  "bbrtu"
```

```
## [13,] "1"    "bbtpl"
## [14,] "1"    "bbvrj"
## [15,] "1"    "bbfok"
## [16,] "1"    "bbmxm"
## [17,] "1"    "bbmbp"
## [18,] "1"    "bbmaf"
## [19,] "1"    "bbcym"
## [20,] "1"    "bbkye"
## [21,] "2"    "cckzf"
## [22,] "2"    "ccbyc"
## [23,] "2"    "ccxra"
## [24,] "2"    "ccvgh"
## [25,] "2"    "ccuxm"
## [26,] "2"    "ccbev"
## [27,] "2"    "ccdsp"
## [28,] "2"    "ccwdt"
## [29,] "2"    "ccrja"
## [30,] "2"    "ccovi"
```

如果要观察每个类别的中心，则可以通过设置 centers 参数实现，如下所示。

```
km.res$centers
##   [,1] [,2] [,3] [,4] [,5] [,6] [,7] [,8] [,9] [,10] [,11] [,12] [,13] [,14]
## 1 5.0  4.9  4.9  4.9  5.0  5.0  5.0  5.0  4.9  4.9   2.7   2.7   2.7   2.7
## 2 4.9  4.9  4.7  5.0  4.9  4.9  5.0  4.9  4.9  5.0   4.8   4.9   5.0   4.7
## 3 2.6  2.6  2.6  2.7  2.6  2.5  2.5  2.6  2.7  2.6   5.0   4.9   4.9   5.0
##   [,15] [,16] [,17] [,18] [,19] [,20] [,21] [,22] [,23] [,24] [,25] [,26] [,27]
## 1 2.7   2.4   2.5   2.5   2.5   2.6   4.8   4.8   4.9   4.8   4.7   5.0   4.9
## 2 5.0   4.8   4.9   4.9   4.8   4.8   2.7   2.6   2.6   2.7   2.7   2.6   2.7
## 3 5.0   4.9   5.0   4.8   5.0   5.0   4.9   5.0   4.8   5.0   5.0   4.9   4.9
##   [,28] [,29] [,30]
## 1 4.9   4.8   5.0
## 2 2.7   2.6   2.7
## 3 5.0   4.7   4.9
```

上述输出结果所显示的 3 行分别表示了第 1、第 2 和第 3 类的中心向量。

factoextra 包还为 k-means 方法提供了一种基于 PCA 的可视化方法来呈现分类结果，如下所示。

```
fviz_cluster(km.res,           #分析结果
        data = d,              #原始数据
        ellipse.type = "euclid", # 设置分类椭圆的绘制
        repel = TRUE,          # 防止标注交叠
        ggtheme = theme_minimal()) #绘图主题
)
```

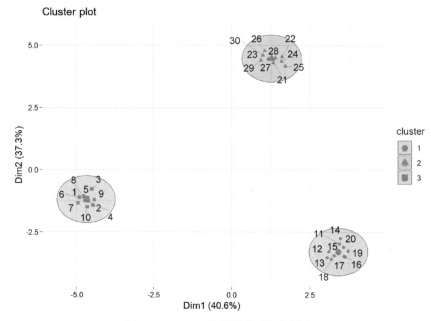

图 8.2　k-means 聚类结果可视化展示

如图 8.2 所示，聚类效果非常好，属于同一类的字符串基本都分在了同一类中。

尽管 k-means 方法非常简便，但是它具有以下缺点。

1）必须事先设定 k 值，而目前并没有明确的标准来设定这个 k 值。在之前例子中利用了可视化的方法确定 k 值，但是依然会受到人为因素的影响。

2）聚类结果不稳定。因为最开始选择 K 个样本作为聚类的中心点是随机的，因此每一次运行这个算法都有可能得到不同的结果。对于 kmeans 函数来说，可以尝试使用 nstart 参数来解决这个问题。它默认值为 1，假如将其设置为 3，那么它会在运行前挑选 3 次质心，并取其中效果最好的 1 个。

3）对离群值非常敏感。因为计算中心是使用均值，但凡是平均值都会受到极端值的影响。

对于第 3 个缺点，可以使用 k-medoids 的方法加以改善，它又被称为 PAM 算法（Partitioning Around Medoids）。它的算法思想与 k-means 近似，但是不使用均值来更新质心，而是根据样本相似程度来选定质心。前者是通过计算均值形成的假想点，而后者则是分属同一类别中心位置的实际存在的点。因此 k-medoids 方法对离群值不敏感，比 k-means 方法更加稳健。同时，这个方法计算损失函数的方法也有不同，其指标称之为 average silhouette width。该指标数值越高，分类效果越好，但是随着 k 值不断增大，它会在到达峰值之后下降，因此它在一定程度上也缓解了上面提到的第 1 个缺点。在 R 语言中，可以利用 **cluster** 包的 **pam** 函数对 PAM 算法进行实现。下面通过实例进行演示。首先，找到最佳的 k 值。

```
library(pacman)
p_load(cluster,factoextra)

# 在 PAM 算法框架下对距离矩阵 d 进行最佳聚类数判断
```

```
fviz_nbclust(d, pam, method = "silhouette")+
  theme_classic()
```

如图 8.3 所示，可以看到最佳 k 值为 3。

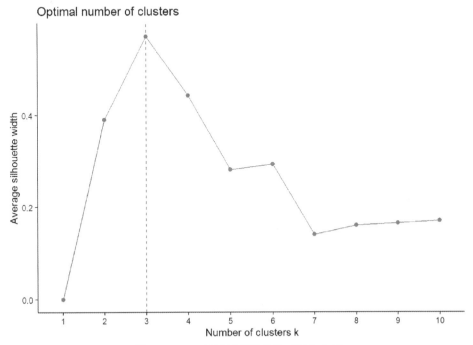

图 8.3　PAM 算法最佳聚类数可视化分析

下面使用 **pam** 函数进行聚类分析。

```
pam.res <- pam(d, 3)
cbind(class = pam.res$clustering,string = str_vec) #聚类结果在 pam.res$clustering 中
##        class string
## [1,]  "1"   "aalwv"
## [2,]  "1"   "aaxaq"
## [3,]  "1"   "aadjf"
## [4,]  "1"   "aaqmx"
## [5,]  "1"   "aahjr"
## [6,]  "1"   "aapvb"
## [7,]  "1"   "aapcb"
## [8,]  "1"   "aaxhd"
## [9,]  "1"   "aarnn"
## [10,] "1"   "aalpo"
## [11,] "2"   "bbngt"
## [12,] "2"   "bbrtu"
## [13,] "2"   "bbtpl"
## [14,] "2"   "bbvrj"
```

```
## [15,] "2"  "bbfok"
## [16,] "2"  "bbmxm"
## [17,] "2"  "bbmbp"
## [18,] "2"  "bbmaf"
## [19,] "2"  "bbcym"
## [20,] "2"  "bbkye"
## [21,] "3"  "cckzf"
## [22,] "3"  "ccbyc"
## [23,] "3"  "ccxra"
## [24,] "3"  "ccvgh"
## [25,] "3"  "ccuxm"
## [26,] "3"  "ccbev"
## [27,] "3"  "ccdsp"
## [28,] "3"  "ccwdt"
## [29,] "3"  "ccrja"
## [30,] "3"  "ccovi"
```

质心可以通过抽取 pam.res 变量的 medoids 部分获得，如下所示。

```
pam.res$medoids
##      [,1] [,2] [,3] [,4] [,5] [,6] [,7] [,8] [,9] [,10] [,11] [,12] [,13] [,14]
## [1,]   3    3    2    3    0    3    3    3    3    3     5     5     5     5
## [2,]   5    5    5    5    5    5    5    5    5    5     3     3     3     3
## [3,]   4    5    5    5    5    5    5    5    5    5     5     5     5     5
##      [,15] [,16] [,17] [,18] [,19] [,20] [,21] [,22] [,23] [,24] [,25] [,26]
## [1,]   5     5     5     5     5     5     5     5     5     5     5     5
## [2,]   3     2     0     2     3     3     5     5     5     5     5     5
## [3,]   5     5     5     5     5     5     3     2     3     3     3     0
##      [,27] [,28] [,29] [,30]
## [1,]   5     5     4     5
## [2,]   4     5     5     5
## [3,]   3     3     3     3
```

可视化方法也与之前相似，利用 **fviz_cluster** 函数实现，这里还对一些可视化的细节进行了设置，如使用 ggtheme 参数设置背景主题（此处设为 "theme_classic()"）。生成的可视化图与图 8.2 相同，聚类效果非常好。

```
fviz_cluster(pam.res,
 ellipse.type = "euclid",
 repel = TRUE,
 ggtheme = theme_classic()
)
```

因为 k-medoids 方法可以在一定程度上解决 k 值的取值问题，因此也可以自动化确定 k 值，然后直接进行聚类分析，**fpc** 包的 **pamk** 函数可以对这个任务进行高效实现，不过需要先选择 k 的取值范围，然后通过 pamk 函数返回其最佳的聚类结果，实现方法如下。

```
p_load(fpc)
pam.res2 = pamk(d,krange = 1:10)
```

这里设置 K 取值范围为 1 到 10，最终结果会返回 k=3 的结果（最佳聚类结果）。

PAM 算法虽然解决了很多问题，但是它在处理大数据集的时候，对计算机内存要求很高，而且耗费时间也比较长。为了解决这个问题，CLARA（Clustering Large Applications）算法被提了出来。这个方法的算法的思路如下。

1）将数据集随机分割为多个固定大小的子集；

2）对每一个子集使用 PAM 算法，获得多个质心，然后把所有样本分配给这些质心；

3）计算样本到各自质心距离的均值，这个指标可以衡量聚类效果；

4）保留平均距离较小的数据集，然后再做最后的整合。

这个方法最大的优点就是实现速度快，通过抽取固定大小的样本来搜索最优的质心。在 R 语言中，可以利用 cluster 包的 clara 函数对该算法进行实现。下面，首先利用 fviz_nbclust 函数来对最佳聚类数 k 进行可视化生成的可视化图形与图 8.3 一致，可见 k 值为 3。

在获知最佳 k 值后，可以利用 clara 函数对样本进行聚类，并查看聚类的结果。具体代码如下。

```
# 判断最佳 K 值
fviz_nbclust(d, clara, method = "silhouette")+
  theme_classic()


#聚类分析
clara.res <- clara(d, 3, samples = 50, pamLike = TRUE) #samples 设定子集的大小


#显示聚类结果
cbind(class = clara.res$clustering,string = str_vec)
##       class string
## [1,]  "1"   "aalwv"
## [2,]  "1"   "aaxaq"
## [3,]  "1"   "aadjf"
## [4,]  "1"   "aaqmx"
## [5,]  "1"   "aahjr"
## [6,]  "1"   "aapvb"
## [7,]  "1"   "aapcb"
## [8,]  "1"   "aaxhd"
## [9,]  "1"   "aarnn"
## [10,] "1"   "aalpo"
## [11,] "2"   "bbngt"
## [12,] "2"   "bbrtu"
## [13,] "2"   "bbtpl"
```

```
## [14,]  "2"    "bbvrj"
## [15,]  "2"    "bbfok"
## [16,]  "2"    "bbmxm"
## [17,]  "2"    "bbmbp"
## [18,]  "2"    "bbmaf"
## [19,]  "2"    "bbcym"
## [20,]  "2"    "bbkye"
## [21,]  "3"    "cckzf"
## [22,]  "3"    "ccbyc"
## [23,]  "3"    "ccxra"
## [24,]  "3"    "ccvgh"
## [25,]  "3"    "ccuxm"
## [26,]  "3"    "ccbev"
## [27,]  "3"    "ccdsp"
## [28,]  "3"    "ccwdt"
## [29,]  "3"    "ccrja"
## [30,]  "3"    "ccovi"
#查看质心
clara.res$medoids
##      [,1] [,2] [,3] [,4] [,5] [,6] [,7] [,8] [,9] [,10] [,11] [,12] [,13] [,14]
## [1,]   3    3    2    3    0    3    3    3    3    3     5     5     5     5
## [2,]   5    5    5    5    5    5    5    5    5    3     3     3     3     3
## [3,]   4    5    5    5    5    5    5    5    5    5     5     5     5     5
##      [,15] [,16] [,17] [,18] [,19] [,20] [,21] [,22] [,23] [,24] [,25] [,26]
## [1,]   5     5     5     5     5     5     5     5     5     5     5     5
## [2,]   3     2     0     2     3     3     5     5     5     5     5     5
## [3,]   5     5     5     5     5     5     3     2     3     3     3     0
##      [,27] [,28] [,29] [,30]
## [1,]   5     5     4     5
## [2,]   4     5     5     5
## [3,]   3     3     3     3
#可视化展示
fviz_cluster(clara.res,
 ellipse.type = "euclid",
 repel = TRUE,
 ggtheme = theme_classic()
)
```

生成的可视化图形与图 8.2 相一致，在此不再展示，读者可以自行运行代码并观察运行结果。

（3）层次聚类法

层次聚类法的思想非常简单，就是根据样本之间的距离一步一步进行凝合或分割。以合成法为例，其基本步骤如下。

1）将每一个样本看作一类，然后计算类别两两之间的距离。

2）把距离最小的类合并在一起，形成一个新的类。

3）重新计算新类与其他类别之间的距离。

4）重复步骤 2）和 3），直到所有类别都合成一个类别。

而分割法则与之相反，它先认定所有样本都为一个类别，然后找到一个与其他样本最不相同的一个样本，独自形成一类。这个过程反复迭代，最后让所有样本都成为独自的一类，最后完成"分类"过程的聚类方法。**cluster** 包中的 **agnes** 函数和 **diana** 函数分别为合成法和分割法提供了实现方法，下面将分别通过示例进行说明。

首先，利用 agnes 函数对之前生成的数据（保存在变量 d 中的距离矩阵）进行聚类分析，如下所示。

```
library(pacman)
p_load(cluster,factoextra)

# 为距离矩阵的行进行命名，以方便显示结果
rownames(d) <- str_vec

# 进行聚类分析
res.agnes = agnes(d)
# 查看聚类分析结果
res.agnes
## Call:        agnes(x = d)
## Agglomerative coefficient: 0.6661053
## Order of objects:
##   [1] aalwv aalpo aaqmx aarnn aaxaq aaxhd aadjf aahjr aapvb aapcb bbngt bbrtu bbtpl
## [14] bbfok bbvrj bbmxm bbmbp bbmaf bbcym bbkye cckzf ccdsp ccbyc ccbev ccvgh ccwdt
## [27] ccovi ccxra ccrja ccuxm
## Height (summary):
##   Min. 1st Qu.  Median    Mean 3rd Qu.    Max.
## 1.732   3.742   4.583   4.675   4.755  11.296
##
## Available components:
##  [1] "order"    "height"   "ac"       "merge"    "diss"     "call"
## [7] "method"   "order.lab" "data"
```

agnes 函数可以使用 stand 参数控制是否进行标准化（默认为 FALSE），用 metric 参数控制样本距离的计算方法（默认为"euclidean"，即欧式距离），用 method 参数设置聚类方法（默认为"average"）。

通过 agnes 函数求得的是样本之间的亲疏关系，而没有直接进行分类。如果要进行分类，可以指定分类的数量，然后用 **cutree** 函数实现，如下所示，指定分类的数量为 3（k=3）。

```
group_info = cutree(res.agnes,k = 3)
group_info
```

```
## [1] 1 1 1 1 1 1 1 1 1 1 2 2 2 2 2 2 2 2 2 2 2 3 3 3 3 3 3 3 3 3 3
```

如果要看到哪些样本属于第 1 类，可以先使用 **rownames** 函数把名称先提取出来，然后筛选其分组信息为 1 的条目。

```
rownames(d)[group_info == 1]
## [1] "aalwv" "aaxaq" "aadjf" "aaqmx" "aahjr" "aapvb" "aapcb" "aaxhd" "aarnn"
## [10] "aalpo"
```

这种层次聚类法，一般采用系统树图来可视化，在 R 语言中可以利用 factoextra 包的 **fviz_dend** 函数实现。可视化形式分为分类和未分类两种。未分类的结果如图 8.7 所示，单纯地把相似的群体两两合并到一起，最后融为一个大类。而如果使用分类模式，则可以通过对聚类数（参数 k）进行设定，然后对图 8.4 中未分类的结果进行着色，并用方框框起来，以便于观察类别的划分（图 8.5）。具体实现代码如下所示。

```
# 不进行分类
fviz_dend(res.agnes)

# 进行分类
fviz_dend(res.agnes, k = 3, # 分为 3 类
 cex = 0.5, # 标志大小
 k_colors = c("#FC4E07", "#00AFBB", "#E7B800"), # 设定类别颜色
 color_labels_by_k = TRUE, # 设定标志颜色
 rect = TRUE # 添加矩形边框
)
```

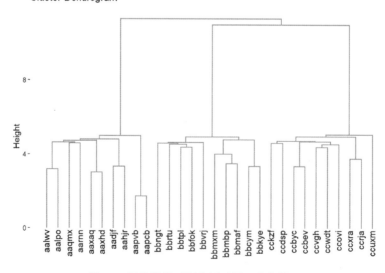

图 8.4　层次聚类可视化展示图（未分类）

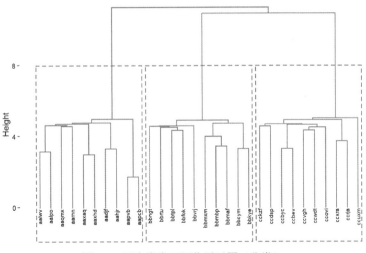

图 8.5　层次聚类可视化展示图（分类）

接下来使用 PCA 的方法对结果进行可视化。在图 8.6 中可以看到，3 组字符串很好地区分开来。注意到 x 轴和 y 轴上括号内的百分比，它们分别代表第一主成分和第二主成分可解释方差的占比。该图的实现代码如下。

```
fviz_cluster(list(data = d, cluster = group_info),
  palette = c("#00AFBB", "#E7B800", "#FC4E07"),
  ellipse.type = "convex",
  repel = TRUE,
  show.clust.cent = FALSE,
  ggtheme = theme_minimal())
```

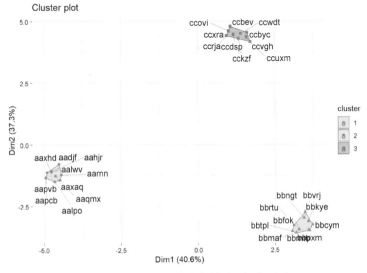

图 8.6　基于 PCA 的聚类结果可视化展示

119

如果要使用分割法进行聚类，只要把 **agnes** 函数改为 **diana** 函数即可（代码如下）。整个操作流程与合成法相同，而且结果也基本保持一致，这里不再进行赘述。

```
res.diana = diana(d)
```

## 8.1.2  基于网络集群识别的自动化聚类

在 8.1.1 节提到的聚类方法中，主要是基于文本之间的距离来聚类，从而实现对非结构化文本的无监督分类。在实际应用中，还有一种能够度量文本相似性的方法，就是共现关系。一般认为，如果某一些文本总是出现在一起，那么它们更有可能有关联关系。如果需要探索这种关系，就需要利用社交网络分析（Social Network Analysis, SNA）来构建知识图谱，然后进行集群的识别（Community Detection），从而给文本基本单元进行自动分类。在 R 语言中，利用 **akc** 包可以对这个系统工程进行自动化实现。它不仅仅能够自动化地构建关键词共现网络和识别集群，还能够在进行聚类前对文本进行清洗和必要的预处理，从而得到更为合理的结果。下面通过具体示例来介绍 akc 包的基本用法。首先，设置好基本的软件环境并导入数据；对数据有基本的认知后，会对数据进行合理的清洗，然后对含义相似的关键词进行归并；最后，对关键词进行自动化集群识别并将结果进行可视化展示。

**1. 加载环境**

本案例将会用到 akc 和 dplyr 两个 R 软件包。其中，dplyr 包主要用于数据的基本操作，而 akc 则用于自动化的共现关系网络构建和集群识别。首先加载 akc 和 dplyr 两个包，如下所示。

```
library(pacman)
p_load(akc,dplyr)
```

**2. 认识数据**

akc 包中自带有案例数据，存储在 bibli_data_table 变量中。它是关于图书馆学主题的一系列文献条目，可以通过输入 "?bibli_data_table" 来了解数据的更多细节，如下所示。

```
bibli_data_table
## # A tibble: 1,448 x 4
##     id title              keyword              abstract
##   <int> <chr>             <chr>                <chr>
## 1    1 Keeping the doors ope~ Austerity; community c~ "English public librari~
## 2    2 Comparison of Sloveni~ Comparative librarians~ "This paper aims to pro~
## 3    3 Analysis of the facto~ Continuation will of v~ "This study aims to dev~
## 4    4 Redefining Library an~ Curriculum; education ~ "The purpose of this st~
## 5    5 Can in-house use data~ Check-out use; circula~ "Libraries worldwide ar~
## 6    6 Practices of communit~ Community councillors;~ "The purpose of the res~
## 7    7 Exploring Becoming, D~ Library and Informatio~ "Professional identity ~
```

```
## 8      8 Predictors of burnout~ Emotional exhaustion; ~ "Work stress and profes~
## 9      9 The Roma and document~ Academic libraries; co~ "This paper explores th~
## 10    10 Mediation effect of k~ Job performance; knowl~ "This paper proposes a ~
## # ... with 1,438 more rows
```

可以看到，bibli_data_table 中的 id、title、keyword、abstract 4 个列分别代表文档标志号、文章题目、文章关键词、文章摘要信息。

**3．数据清洗**

可以使用 **keyword_clean** 函数来对数据的关键词所在列进行清洗，这个函数可以自动化地完成以下几个步骤。

1）对关键词进行分割，默认分隔符为 ";"，但是可以通过修改 sep 参数来自定义。

2）清除小括号及其小括号内的内容，可以将 rmParentheses 参数设为 FALSE 来取消这个设定。

3）清除关键词前后的空格，并把连续的空格全部缩减为一个空格。

4）删除所有空字符和纯数字字符。

5）把所有英文字符转化为小写。

具体代码及执行结果如下。

```
bibli_data_table %>%
  keyword_clean() -> clean_data

clean_data
## # A tibble: 5,378 x 2
##      id keyword
##   <int> <chr>
## 1    1 austerity
## 2    1 community capacity
## 3    1 library professional
## 4    1 public libraries
## 5    1 public service delivery
## 6    1 volunteer relationship management
## 7    1 volunteering
## 8    2 comparative librarianship
## 9    2 korea
## 10   2 library legislation
## # ... with 5,368 more rows
```

清洗后的数据存储在 clean_data 中。这里没有明确给出哪列是文章标志号，哪列是关键词，根据函数提供的默认值，分别以 "id" 列和 "keyword" 列对应标识标志号和关键词，但是用户也可以自己手动进行设定。

**4．关键词归并**

有很多关键词虽然不相同，但是却有相近的意思。例如英文中同一个单词的单复数基本表达同样的含义，但是却会被识别为两个单词，这样我们就无法更好地统计某个具体含义关键词的词频和共现关系。为此，akc 包中设计了 **keyword_merge** 函数，这个函数可以将具有相同词干（stem）或词元（lemma）进行归并，最后合并为该词出现得最多的形式。例如，"good boy" 和 "good boys" 分别出现了 5 次和 9 次，这两个短语具有相同的词元（"good boy"），所以最后会被归并为出现次数最多的 "good boys"。以下代码对之前清洗的数据进行了关键词归并。

```
clean_data %>%
  keyword_merge() -> merged_data
## Registered S3 methods overwritten by 'textclean':
##   method              from
##   print.check_text    qdap
##   print.sub_holder    qdap
merged_data
## # A tibble: 5,372 x 2
##        id keyword
##     <int> <chr>
##  1  1163 10.7202/1063788ar
##  2   619 18th century
##  3  1154 1password
##  4    81 1science
##  5   361 second-career librarianship
##  6   662 second life
##  7  1424 2016 us presidential election
##  8    42 21st-century skills
##  9  1114 21st century skills
## 10  1051 24-hour opening
## # ... with 5,362 more rows
```

归并后的数据就存储在 merged_data 变量中。

**5．关键词自动分类（聚类）**

下一步，对清洗完、关键词归并完的数据，采用 **keyword_group** 函数进行关键词自动化分类。这个步骤根据之前关键词的共同出现关系，直接构建关键词共现网络，并利用集群识别的算法对每个关键词进行归类。默认的集群识别算法为 "group_fast_greedy"，但是用户可以根据自己的需要来改变识别算法，可以输入 "?tidygraph::group_graph" 来寻找更多的识别算法，其他可用算法还包括 "group_infomap""group_louvain" 等。默认的方法中，只对词频最大的 200 个关键词进行分类，如果把 top 参数设定为 Inf，那么就可以得到所有节点的分类结果。实现方法极其简便，只需要直接利用 **keyword_group** 函数即可，输出结果是一个 tbl_graph 类，它同时包含了构建网络的节点信息和边的信息。具体代码及结果如下所示。

```
merged_data %>%
```

```
  keyword_group() -> grouped_data
## Warning: `distinct_()` is deprecated as of dplyr 0.7.0.
## Please use `distinct()` instead.
## See vignette('programming') for more help
## This warning is displayed once every 8 hours.
## Call `lifecycle::last_warnings()` to see where this warning was generated.
## Warning: `tbl_df()` is deprecated as of dplyr 1.0.0.
## Please use `tibble::as_tibble()` instead.
## This warning is displayed once every 8 hours.
## Call `lifecycle::last_warnings()` to see where this warning was generated.
grouped_data
## # A tbl_graph: 207 nodes and 1332 edges
## #
## # An undirected simple graph with 1 component
## #
## # Node Data: 207 x 3 (active)
##   name                     freq group
##   <chr>                   <int> <int>
## 1 academic librarians         7     1
## 2 academic libraries        145     1
## 3 acquisitions               12     3
## 4 africa                      6     1
## 5 altmetrics                  7     3
## 6 artificial intelligence     4     1
## # ... with 201 more rows
## #
## # Edge Data: 1,332 x 3
##    from    to     n
##   <int> <int> <dbl>
## 1     1     2     4
## 2     2     3     2
## 3     2    48     1
## # ... with 1,329 more rows
```

对关键词自动分类后获得的结果是一个 tbl_graph 类，如果想要直接得到分类结果，可以把它转化为数据框。这里使用 **as_tibble** 函数将其转化，如下所示。

```
grouped_data %>%
  as_tibble()
## # A tibble: 207 x 3
##   name                     freq group
##   <chr>                   <int> <int>
##  1 academic librarians         7     1
```

```
## 2 academic libraries        145      1
## 3 acquisitions              12      3
## 4 africa                     6      1
## 5 altmetrics                 7      3
## 6 artificial intelligence    4      1
## 7 archives                  12      2
## 8 accessibility              4      1
## 9 assessment                15      2
## 10 big data                  6      1
## # ... with 197 more rows
```

可以看到，name 列保存的是关键词信息，freq 列是关键词的词频，而 group 列则保存了关键词所属的类。以第一行为例，可以解释为 "academic librarians" 在构建的网络中从属于第 1 个集群，它共出现了 7 次。利用这个方法，可以看到哪些关键词属于同一个类别，以及出现的频次。

6. 结果输出

akc 包只对分类结果的表格输出和可视化输出。一般而言，akc 包不会对所有的关键词进行展示，默认只会显示词频最高的 10 个，在表格输出中，会显示每个组词频最高的 10 个关键词，可以通过修改 top 参数调节输出的数量；在关键词网络输出中，会显示每个组最高的 10 个关键词，可以通过修改 max_nodes 参数调整输出的数量。此外，网络可视化中默认透明参数（alpha）为 0.7（1 为完全不透明，0 为完全透明），即节点标签相互重叠的时候我们可以透过上层看到下层的内容（图 8.7），这样可以防止图标重叠导致无法很好获知所有关键词。下面，首先对每个聚类中词频最高的 10 个关键词进行表格显示，然后对其进行可视化。实现代码及结果如下所示。

```
grouped_data %>%
  keyword_table(top = 10)
## # A tibble: 5 x 2
##   Group `Keywords(TOP 10)`
##   <int> <chr>
## 1    1 academic libraries (145); information literacy (58); university librari~
## 2    2 public libraries (74); libraries (65); digital libraries (31); library ~
## 3    3 open access (32); bibliometrics (31); library and information science (~
## 4    4 leadership (12); library management (12); research data management (12)~
## 5    5 national libraries (10); culture (7); cataloguing (6); knowledge organi~
grouped_data %>%
  keyword_vis()
## Warning: The `add` argument of `group_by()` is deprecated as of dplyr 1.0.0.
## Please use the `.add` argument instead.
## This warning is displayed once every 8 hours.
## Call `lifecycle::last_warnings()` to see where this warning was generated.
```

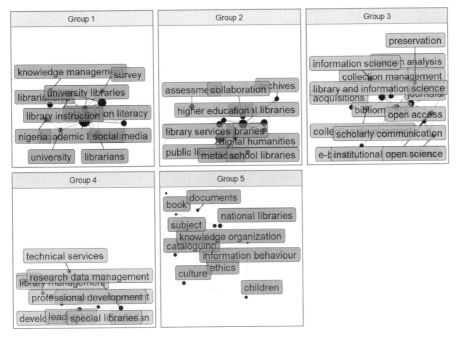

图 8.7　基于 PCA 的聚类结果可视化展示

### 8.1.3　基于主题模型的分类

主题模型（Topic Model）是自然语言处理领域中用于发现一系列文档中抽象主题的一种统计模型。在之前提到的算法中，最后大多将文本归为一类。但是在现实中，一个文本往往可以属于多个类别，只是属于每个类别的概率有所差异而已。例如：

1）一个文档可以包含多个主题。例如科学文献的分类中，很多学科交叉的工作其实可以分属多个类别，而难以分为其中一个特定的类别。而这个关系，是可以量化的，例如一篇文献可以定量为 20%属于环境科学，50%属于生态学，30%属于社会科学。

2）一个文本（文档中的基本计量单元）可以同时归属于多个主题。例如一个关键词，可以属于多个主题，如"全球变化"这个关键词可以属于生态学、环境科学、地球科学等多个学科。而这个关系，也是可以进行量化的。

作为主题模型的一种，LDA（Latent Dirichlet Allocation）算法可以实现这种分类。通过 LDA 算法，可以把多个文档中的多个关键词归为多个不同的主题（即分类），那么一个关键词可以分为多个类别，不过它分属不同类别的概率是有差异的。这种模型在很多场景下更为合理，因此在文本数据挖掘中受到广泛的关注。在 R 语言中，**topicmodels** 包可以完成高效的 LDA 分析，其核心函数为 **LDA** 函数。下面，我们将使用 akc 包的数据和 tidytext 包的一些工具，对 R 语言环境下主题模型的实现进行演示。其具体步骤包括对软件环境的加载，对数据进行清洗与整理，对数据开展 LDA 分析，对其结果进行可视化和合理解释。

**1. 加载环境**

本案例利用 akc 包自带的数据集 bibli_data_table，尝试把关键词分为两个主题。首先加载必要的 R 包，包括 akc、tidytext、topicmodels 和 tidyverse。其中，akc 包提供了基础数据和清洗方法，tidytext 包用于数据的塑形和提取，tidyverse 包用于数据的综合整理，而topicmodels 包用于主题模型的构建。

```
library(pacman)
p_load(akc,tidytext,topicmodels,tidyverse)
```

**2. 数据清洗**

直接利用 akc 包提供的数据预处理函数进行数据清洗。这里，我们先用 **keyword_clean** 函数将数据清洗为整洁的格式，它会自动把所有英文字母转化为小写，根据分隔符进行分词并清除括号及其括号包含的内容。随后，使用 **keyword_merge** 函数把意思相近的英文单词合并在一起。这里把 reduce_form 参数设置为 "stem"，即具有同样词干的英文单词会被合并到一起。具体代码如下所示。

```
bibli_data_table %>%
  keyword_clean(lemmatize = FALSE) %>%
  keyword_merge(reduce_form = "stem") -> tidy_data
```

**3. 数据准备**

topicmodels 包的 **LDA** 函数接受的是一个称为 "DocumentTermMatrix" 类的对象，要生成这样的对象，需要对数据进行汇总统计，然后转为文档-文本矩阵，如下所示。

```
tidy_data %>%
  count(id,keyword) %>%
  cast_dtm(id, keyword, n) -> dtm_data
```

上面的函数中，count 是对关键词进行计数，而 cast_dtm 函数则把数据转换为"DocumentTermMatrix"类，结果保存在 dtm_data 变量中。

**4. LDA 分析**

数据准备好后，进行 LDA 分析是非常简便的，具体代码如下。

```
LDA(dtm_data,k = 2,control = list(seed = 2020)) -> lda_data
lda_data
## A LDA_VEM topic model with 2 topics.
```

在上面的分析中，我们把文本划分为两个主题，control 参数是为了让本案例的研究能够被重复，即存在随机性的模型也能够在不同的运行中得到相同的结果。

如果想要知道每个关键词分属不同主题的概率，可以使用 **tidy** 函数来对之前获得的

lda_data 对象进行主题提取，操作代码如下。

```
lda_topics <- tidy(lda_data, matrix = "beta")
lda_topics
## # A tibble: 6,200 x 3
##    topic term                    beta
##    <int> <chr>                   <dbl>
## 1      1 austerity            0.000401
## 2      2 austerity            0.000343
## 3      1 community capacity   0.000240
## 4      2 community capacity   0.000132
## 5      1 library professionals 0.000305
## 6      2 library professionals 0.000812
## 7      1 public libraries     0.0156
## 8      2 public libraries     0.0120
## 9      1 public service delivery 0.0000285
## 10     2 public service delivery 0.000344
## # ... with 6,190 more rows
```

可以尝试来找到每个主题中使用概率最高的 5 个关键词，这些关键词很可能可以提供主题的关键信息。要提取它们，需要按照主题进行分组（使用 **group_by** 函数），然后取得概率最高的 5 个关键词（使用 **top_n** 函数）。操作代码如下。

```
lda_topics %>%
  group_by(topic) %>%
  top_n(5,beta)  %>%
  ungroup() %>%
  arrange(topic, -beta) -> top_terms
```

使用可视化的方法来显示上述结果，这里使用条形图进行展示（图 8.8）。具体代码如下所示。需要注意的是，首先要对包含关键词的 term 列进行重新排序，这样才能够让图形显示的时候关键词可以按照使用概率从大到小地排列。

```
top_terms %>%
  mutate(term = reorder_within(term, beta, topic)) %>%
  ggplot(aes(term, beta, fill = factor(topic))) +
  geom_col(show.legend = FALSE) +
  facet_wrap(~ topic, scales = "free") +
  coord_flip() +
  scale_x_reordered()
```

在图 8.8 中，两个主题中有相似的关键词。这是很正常的，因为整个数据其实都属于一个大主题，但是依然能够分为两个不同的子方向。如果在数据清理上再多做一些工作，这个

LDA 分析才会更有实际意义。

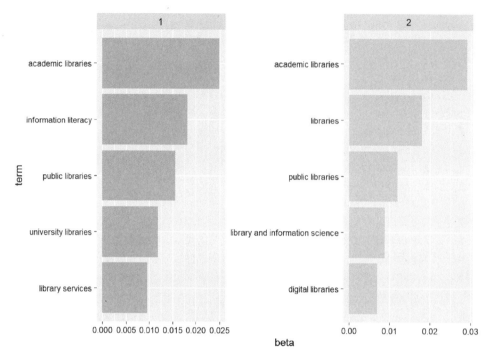

图 8.8　主题分析结果可视化展示

LDA 分析还可以判断每个文档属于某个主题的概率，此时需要把 **tidy** 函数中的 matrix 参数设置为 "gamma"，如下所示。

```
lda_gamma <- tidy(lda_data, matrix = "gamma")
lda_gamma
## # A tibble: 1,942 x 3
##     document topic gamma
##     <chr>    <int> <dbl>
##  1 1             1 0.496
##  2 2             1 0.501
##  3 3             1 0.494
##  4 4             1 0.488
##  5 5             1 0.490
##  6 6             1 0.514
##  7 7             1 0.491
##  8 8             1 0.501
##  9 9             1 0.501
## 10 10            1 0.503
## # ... with 1,932 more rows
```

得到的表格中，第 1 行表示第 1 个文档分属第 1 个主题的概率是 0.496。

如果要知道每个文档中每个关键词的数量及其所属主题，可以利用 **augment** 函数直接对文档-术语矩阵 dtm_data 进行操作，如下所示。

```
assignments <- augment(lda_data, data = dtm_data)
assignments
## # A tibble: 5,365 x 4
##    document term                count .topic
##    <chr>    <chr>               <dbl> <dbl>
## 1  1        austerity           1     1
## 2  719      austerity           1     1
## 3  1        community capacity   1     1
## 4  1        library professionals 1   2
## 5  522      library professionals 1   2
## 6  863      library professionals 1   2
## 7  1        public libraries    1     1
## 8  2        public libraries    1     1
## 9  49       public libraries    1     1
## 10 51       public libraries    1     1
## # ... with 5,355 more rows
```

输出结果中，document 存储的是文档 ID，term 是关键词，count 是关键词出现的数量，.topic 则是其所属主题。以第 1 行为例，表示的意思是在第 1 个文档中，"austerity"出现了 1 次，它属于主题 1。

## 8.2 有监督分类

文本数据挖掘中的有监督分类，是指在已有文本单元及其标注的前提下，尝试对其映射关系进行学习，从而对新的文本进行自动分类。根据分类数量的多少，可以划分为二分类问题和多分类问题，二者采用的机器学习算法和模型的评价方法都有所不同。因此，在本部分将会分别对二分类和多分类进行介绍，并给出 R 语言实现的例子。

### 8.2.1 二分类

二分类问题首先是基于二分类系统的，也就是说响应变量永远只有两种，比较常见的例子如性别、通过与不通过、确诊与未确诊等。逻辑回归是统计学上解决这类问题的经典模型，它在 R 软件环境中的实现也非常方便，这里将会用 **fastrtext** 包的案例数据为例（保存在 train_sentences 和 test_sentences 中），对其进行逻辑回归。尽管逻辑回归的实现很简单，但是要对一个只有两列的数据表格（包含文本单元及其标签），从无到有建立一个相对靠谱的模型，最后对验证数据进行检验，是一个逻辑严密的系统工程（图 8.9），不仅要掌握实现方法，还要对其中每个步骤的思路加以理解。

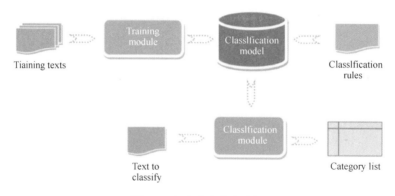

图 8.9　文本分类基本流程

**1. 数据准备**

本部分将会先整理建模数据。首先加载数据所在包 fastrtext，然后加载训练集和测试集。因为要演示二分类，因此只把其中两种类别的条目提取出来（"AIMX"和"CONT"），然后分别把训练集和测试集保存在 train 和 test 两个变量中具体代码如下。关于数据内容的详细介绍，可输入"?train_sentences"和"?test_sentences"进行查阅。

```r
# 下载 tidyfst
if (!require("tidyfst")){
  install.packages("tidyfst")
  library(tidyfst)
}

library(pacman)
# 如果第一次安装 fastrtext，请用：
# p_load_gh("pommedeterresautee/fastrtext")
p_load(tidyverse,fastrtext)

data("train_sentences")
data("test_sentences")

train_sentences %>%
  as_tibble() %>%
  filter(class.text %in% c("AIMX","CONT")) -> train_raw

test_sentences %>%
  as_tibble() %>%
  filter(class.text %in% c("AIMX","CONT")) -> test_raw

train_raw %>% count(class.text)
## # A tibble: 2 x 2
##   class.text     n
```

```
##   <chr>      <int>
## 1 AIMX        149
## 2 CONT        144
```

审视训练集，可以发现属于"AIMX"和"CONT"类的条目分别有 149 和 144 个，不存在严重的类失衡问题。关于类失衡的问题，就是在训练中一个类要远远多于另一个类别，那么只要盲猜其属于多数类，就可以获得较高的准确率，这是需要避免的。

　　2．文本预处理

在进行建模之前，要对文本进行必要的处理。这里文本的基本单位是句子，因此最后是给定一个句子，然后对其进行判断，看它是属于哪一个分类。所谓分类，就是要看这个句子是否出现了哪一个关键词，可以通过这个关键词判断这个句子更可能属于其中一个类别，而不是其他的类别。但是单纯分词后获得的单词数量太多，因此要做一定的筛选，就是筛选出 TF-IDF 值比较高的词汇。首先，需要对文本先进行分词，并去除停止词，然后求得每个单词的 TF-IDF，之后筛选分值较高的词语。具体代码及结果如下所示。

```
p_load(tidytext)
train_raw %>%
  unnest_tokens(word,text) %>%              #分词
  anti_join(stop_words) %>%                 #去除停止词
  group_by(class.text) %>%                  #根据分类进行分组
  count(word) %>%                           #计算词频
  ungroup() %>%                             #取消分组
  bind_tf_idf(word,class.text,n) %>%        #计算 TF-IDF
  distinct(word,.keep_all = T) %>%
  top_n(100,tf_idf) %>%                     # 获得分值排名为前 100 的单词
  select(word,tf_idf)-> sel_word            #提取目标信息并保存在 sel_word 变量中
## Joining, by = "word"
sel_word
## # A tibble: 107 x 2
##    word           tf_idf
##    <chr>          <dbl>
##  1 adopted        0.00210
##  2 algebraic      0.00210
##  3 anchors        0.00140
##  4 answer         0.00175
##  5 ases           0.00210
##  6 attempt        0.00210
##  7 avoid          0.00175
##  8 balanced       0.00210
##  9 bernoulli      0.00210
## 10 circumstances  0.00210
## # ... with 97 more rows
```

尽管提取的是分值前 100 的词语，因为最后单词分值相同，具有并列关系，因此最后筛选出了 107 个单词。下面，要重新构造训练集和验证集。对于训练集，这里需要构建这样一个数据框：一列为响应变量（即分类结果），多列为单词（每个单词列的数值为上面求得的 TF-IDF 值）。具体代码如下。

```
train_raw %>%
  mutate(id = 1:n())  %>%                      #为每一个文本单位进行编号
  unnest_tokens(word,text) %>%                 #分词
  anti_join(stop_words) %>%                    #去除停止词
  inner_join(sel_word) %>%                     #筛选目标词
  distinct(id,word,.keep_all = T) %>%          #去除句内重复词
  tidyfst::wider_dt(name = "word",             #长表转宽表
                    value = "tf_idf",
                    fill = 0) -> train1
## Joining, by = "word"
## Joining, by = "word"
```

需要注意，这里可能会出现一种特殊情况，就是整句话都没有目标词，这会在上述的表格中出现全缺失的情况。对于没有包含任何目标词的样本，依然要对其进行分类，所以需要补充这些无目标词的样本，并把目标词出现的次数标记为 0。

```
train_raw %>%
  mutate(id = 1:n())  %>%
  select(id,class.text) %>%
  left_join(train1) %>%
  tidyfst::replace_na_dt(to = 0) %>% #缺失值插入 0
  select(-id)  -> train #去除编号列
## Joining, by = c("id", "class.text")
```

这样，就获得了能够直接用于建模的训练集。对于测试集，也要进行相似的操作。具体代码如下。

```
test_raw %>%
  mutate(id = 1:n())  %>%                      #为每一个文本单位进行编号
  unnest_tokens(word,text) %>%                 #分词
  anti_join(stop_words) %>%                    #去除停止词
  inner_join(sel_word) %>%                     #筛选目标词
  distinct(id,word,.keep_all = T) %>%          #去除句内重复词
  tidyfst::wider_dt(name = "word",             #长表转宽表
                    value = "tf_idf",
                    fill = 0) -> test1
## Joining, by = "word"
## Joining, by = "word"
test_raw %>%
```

```
  mutate(id = 1:n())  %>%
  select(id,class.text) %>%
  left_join(test1) %>%
  tidyfst::replace_na_dt(to = 0) %>%         #缺失值插入 0
  select(-id)  -> test2                       #去除编号列
## Joining, by = c("id", "class.text")
```

需要说明的是，由于测试集的条目相对较少，所以囊括的目标词数量也会较少，但是数据框的长度是需要与训练集保持一致的，因此需要补全所有单词，并插入 0，如下所示。

```
setdiff(names(train),names(test2)) -> to_add # 获得需要补的单词

test2 %>%
  tidyfst::in_dt(,(to_add):=0) -> test        #补充列全部填入 0

length(train) == length(test)                 # 看测试集与验证集长度是否一致
## [1] TRUE
setequal(names(train),names(test))            # 查看两者列名称是否一致
## [1] TRUE
```

通过上面的代码，保证了训练集与测试集两个数据框在样式上的统一。不过在建模之前，还要注意响应变量应该先转化为因子变量。也就是说，两个数据框中响应变量的数据类型都需要是因子型的，否则在 R 中很多机器学习函数会直接认为这个任务是一个回归问题，而非分类问题。

```
train %>% tidyfst::mutate_dt(class.text = as.factor(class.text)) -> train
test %>% tidyfst::mutate_dt(class.text = as.factor(class.text)) -> test
```

3. 建模分析与评估

在 R 语言中拟合逻辑回归模型是非常简单的，使用 **glm** 函数即可。因为解释变量非常多，可以采用公式的方法可以简便地注明拟合模式（"class.text ~ ."），公式左边为响应变量，右边用一个英文的句点来表示其他所有变量都是解释变量，data 参数应该填入数据框的名称，然后 family 参数设置为 "binomial"，即二项分布的简称，使用逻辑回归的时候应该选择 "binomial" 作为链接函数模式。

```
glm(class.text ~.,data = train,family = "binomial") -> train.model
## Warning: glm.fit: fitted probabilities numerically 0 or 1 occurred
summary(train.model)
##
## Call:
## glm(formula = class.text ~ ., family = "binomial", data = train)
##
## Deviance Residuals:
##      Min        1Q    Median        3Q       Max
```

```
## -1.62589  -0.00003   0.00000   0.00004   0.78760
##
## Coefficients: (13 not defined because of singularities)
##                 Estimate Std. Error z value Pr(>|z|)
## (Intercept)     1.012e+00  2.919e-01   3.465  0.00053 ***
## adopted        -1.111e+03  6.440e+06   0.000  0.99986
## （此处略去部分展示结果）
## unlike          1.133e+04  1.548e+07   0.001  0.99942
## weakening             NA         NA      NA       NA
## widely                NA         NA      NA       NA
## ---
## Signif. codes:  0 '***' 0.001 '**' 0.01 '*' 0.05 '.' 0.1 ' ' 1
##
## (Dispersion parameter for binomial family taken to be 1)
##
##     Null deviance: 406.10  on 292  degrees of freedom
## Residual deviance:  69.59  on 198  degrees of freedom
## AIC: 259.59
##
## Number of Fisher Scoring iterations: 20
```

在模型输出结果中可以看到，逻辑回归的经典输出结果包括残差、AIC 值等。可以注意到，有的词语没有识别出来，因此其回归系数以及其他统计量均显示为缺失值（NA）。为了节省篇幅，上边的代码中省略了部分回归系数的输出结果。

下面，用这个模型对测试集进行预测。

```
# 把实际值提取出来
test %>% pull(class.text) -> objY
str(objY)  #观察其数据结构
## Factor w/ 2 levels "AIMX","CONT": 2 2 2 2 1 1 1 2 2 2 ...
# 利用先前获得模型对测试集进行预测
predict.glm(train.model,select(test,-class.text),type = "response") -> predict.
values
ifelse(predict.values >= 0.5,levels(objY)[2],levels(objY)[1]) %>%
  as.factor()-> preY
```

要对获得结果进行评估，可以使用 **caret** 包的 confusionMatrix 函数生成混淆矩阵，这个方法能够获得精确度、kappa 系数等评估指标，从而对模型分析新数据的表现进行量化。具体实现代码如下所示。

```
p_load(caret)
confusionMatrix(preY,objY) # 生成混淆矩阵
## Confusion Matrix and Statistics
##
```

```
##          Reference
## Prediction AIMX CONT
##      AIMX   35    2
##      CONT    6   22
##
##              Accuracy : 0.8769
##                95% CI : (0.7718, 0.9453)
##   No Information Rate : 0.6308
##   P-Value [Acc > NIR] : 8.823e-06
##
##                 Kappa : 0.7446
##
## Mcnemar's Test P-Value : 0.2888
##
##           Sensitivity : 0.8537
##           Specificity : 0.9167
##        Pos Pred Value : 0.9459
##        Neg Pred Value : 0.7857
##            Prevalence : 0.6308
##        Detection Rate : 0.5385
##  Detection Prevalence : 0.5692
##      Balanced Accuracy : 0.8852
##
##      'Positive' Class : AIMX
##
```

可以发现，构建的模型准确率为 87.69%，只有 8 个样本被错误判断了，效果很理想。对于二分类而言，还可以使用 ROC 曲线来衡量预测效果。可以使用 **ROCit** 包实现。代码如下所示。可视化图形如图 8.10 所示。

```
p_load(ROCit)

# 只能接受数值型变量，因此因子变量需要先进行转化
ROCit_obj <- rocit(score=as.numeric(preY),class=as.numeric(objY))

# 查看 AUC 值
summary(ROCit_obj)
##
## Method used: empirical
## Number of positive(s): 24
## Number of negative(s): 41
## Area under curve: 0.8852
# 简易可视化
plot(ROCit_obj,legend= F,YIndex = F)
```

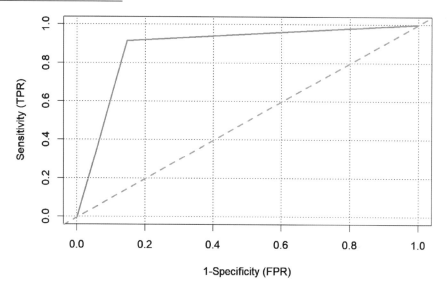

图 8.10　ROC 曲线可视化展示

在图 8.10 中，如果实线下的面积越大，说明模型的效果越好。虚线则表示基准值，如果实线在虚线之下，说明模型效果不如随机猜测有效。

### 8.2.2　多分类

仅从实现的角度来看，多分类问题与二分类问题并无太大差别，只是在模型评估的时候，不能再使用 ROC 曲线，只能使用混淆矩阵的方法。这里，依然使用 fastrtext 包的数据集做演示，唯一不同的地方是，这次会多纳入一个标签类别。也就是说，响应变量一共有 3 个分类，要对具有 3 类的响应变量做预测。能够实现多分类的算法有很多，包括决策树、朴素贝叶斯方法、支持向量机等。这里，将会用决策树方法作为演示。同时，决策树方法也有很多种，包括 C4.5、CART、C5.0 等，在本例中会聚焦于 CART 方法，它的英文全称为 Classification and Regression Tree，在 R 语言中可以使用 **rpart** 包进行实现，既可以做分类，也能够做回归，是非常成熟的一种决策树方法。

**1. 数据准备**

这一阶段将会先整理建模数据。首先加载数据所在包 fastrtext，然后加载训练集和测试集。因为要演示多分类，因此只把其中 3 种类别的条目提取出来（"AIMX""BASE"和"CONT"），然后分别把训练集和测试集保存在 train 和 test 两个变量中。关于数据内容的详细情况，可输入"?train_sentences"和"?test_sentences"进行查阅。

```
# 下载tidyfst
if (!requireNamespace("tidyfst", quietly=TRUE))
  install.packages("tidyfst")


library(pacman)
p_load(fastrtext,tidyverse)
```

```
data("train_sentences")
data("test_sentences")

train_sentences %>%
  as_tibble() %>%
  filter(class.text %in% c("AIMX","BASE","CONT")) -> train_raw

test_sentences %>%
  as_tibble() %>%
  filter(class.text %in% c("AIMX","BASE","CONT")) -> test_raw

train_raw %>% count(class.text)
## # A tibble: 3 x 2
##   class.text     n
##   <chr>      <int>
## 1 AIMX         149
## 2 BASE          48
## 3 CONT         144
```

根据上面的结果可知，训练集中，属于"AIMX""BASE"和"CONT"类的条目分别有 149、48 和 144 个，但是相差量级还不算特别大，在可以接受范围内。

**2．文本预处理**

整个文本预处理过程如下列代码所示，与二分类一致，因此不再进行文字解释，只是在代码中给出注释。预处理后，获得了可以直接进行建模的训练集（train）和进行验证的测试等（test）。

```
p_load(tidytext)
train_raw %>%
  unnest_tokens(word,text) %>%           #分词
  anti_join(stop_words) %>%              #去除停止词
  group_by(class.text) %>%              #根据分类进行分组
  count(word) %>%                       #计算词频
  ungroup() %>%                         #取消分组
  bind_tf_idf(word,class.text,n) %>%    #计算 TF-IDF
  distinct(word,.keep_all = T) %>%
  top_n(100,tf_idf) %>%                 #获得分值排名为前 100 的单词
  select(word,tf_idf)-> sel_word        #提取目标信息并保存在 sel_word 变量中
## Joining, by = "word"
sel_word
## # A tibble: 127 x 2
##    word        tf_idf
##    <chr>        <dbl>
## 1 adopted    0.00334
## 2 algebraic  0.00334
```

```
##  3 attempt       0.00334
##  4 balanced      0.00334
##  5 bernoulli     0.00334
##  6 circumstances 0.00334
##  7 continuous    0.00556
##  8 drawn         0.00334
##  9 experience    0.00389
## 10 implies       0.00334
## # ... with 117 more rows
train_raw %>%
  mutate(id = 1:n())  %>%                          #为每一个文本单位进行编号
  unnest_tokens(word,text) %>%                     #分词
  anti_join(stop_words) %>%                        #去除停止词
  inner_join(sel_word) %>%                         #筛选目标词
  distinct(id,word,.keep_all = T) %>%              #去除句内重复词
  tidyfst::wider_dt(name = "word",                 #长表转宽表
                    value = "tf_idf",
                    fill = 0) -> train1
## Joining, by = "word"
## Joining, by = "word"
train_raw %>%
  mutate(id = 1:n())  %>%
  select(id,class.text) %>%
  left_join(train1) %>%
  tidyfst::replace_na_dt(to = 0) %>%               #缺失值插入 0
  select(-id)  -> train                            #去除编号列
## Joining, by = c("id", "class.text")
test_raw %>%
  mutate(id = 1:n())  %>%                          #为每一个文本单位进行编号
  unnest_tokens(word,text) %>%                     #分词
  anti_join(stop_words) %>%                        #去除停止词
  inner_join(sel_word) %>%                         #筛选目标词
  distinct(id,word,.keep_all = T) %>%              #去除句内重复词
  tidyfst::wider_dt(name = "word",                 #长表转宽表
                    value = "tf_idf",
                    fill = 0) -> test1
## Joining, by = "word"
## Joining, by = "word"
test_raw %>%
  mutate(id = 1:n())  %>%
  select(id,class.text) %>%
  left_join(test1) %>%
  tidyfst::replace_na_dt(to = 0) %>%               #缺失值插入 0
  select(-id)  -> test2 #去除编号列
```

```
## Joining, by = c("id", "class.text")
setdiff(names(train),names(test2)) -> to_add    #获得需要补的单词

test2 %>%
  tidyfst::in_dt(,(to_add):=0) -> test          #补充列全部填入 0

length(train) == length(test)                   #看测试集与验证集长度是否一致
## [1] TRUE
setequal(names(train),names(test))              #查看两者列名称是否一致
## [1] TRUE
```

**3．建模分析与评估**

使用 rpart 包来构建 CART 模型，代码如下所示，过程非常简练。需要注意的是最后进行结果的比较时，需要把预测结果转化为因子变量，才能够生成混淆矩阵。最终结果表明，多分类的判断准确率为 50%。考虑到响应变量一共有 3 种类型，因此随机预测的准确率只有33.3%，所以使用模型预测比随机预测的效果要好。事实上，CART 方法可以对其他参数（如叶子节点最少观测数 minbucket、复杂性参数 cp 等）进行调节，从而尝试提高模型的准确率。这些关于机器学习调参的细节知识，不在本书要讲述的范围内，有兴趣的读者可以输入"?rpart.control"进行查阅。模型评估的代码和结果如下所示。

```
p_load(rpart)
rpart(class.text ~.,data = train) -> train.model          #模型训练
summary(train.model)                 #模型总结
## Call:
## rpart(formula = class.text ~ ., data = train)
##   n= 341
##
##         CP nsplit rel error    xerror       xstd
## 1 0.1979167      0 1.0000000 1.1250000 0.04634506
## 2 0.0100000      1 0.8020833 0.8020833 0.04786331
##
## Variable importance
##    paper    adopted   attempt      drawn   implies weakening
##       60          8         8          8         8         8
##
## Node number 1: 341 observations,    complexity param=0.1979167
##   predicted class=AIMX  expected loss=0.5630499  P(node) =1
##     class counts:   149    48    144
##    probabilities: 0.437 0.141 0.422
##   left son=2 (45 obs) right son=3 (296 obs)
##   Primary splits:
##       paper   < 0.00441169  to the right, improve=23.668390, (0 missing)
##       difficult < 0.00398667  to the left,  improve= 7.949241, (0 missing)
```

```
##     limited   < 0.003701908 to the left,  improve= 7.358934, (0 missing)
##     introduce < 0.002779889 to the right, improve= 5.307298, (0 missing)
##     neuronal  < 0.003417146 to the left,  improve= 5.033265, (0 missing)
##   Surrogate splits:
##     adopted   < 0.001667934 to the right, agree=0.886, adj=0.133, (0 split)
##     attempt   < 0.001667934 to the right, agree=0.886, adj=0.133, (0 split)
##     drawn     < 0.001667934 to the right, agree=0.886, adj=0.133, (0 split)
##     implies   < 0.001667934 to the right, agree=0.886, adj=0.133, (0 split)
##     weakening < 0.001667934 to the right, agree=0.886, adj=0.133, (0 split)
##
## Node number 2: 45 observations
##   predicted class=AIMX  expected loss=0.04444444  P(node) =0.1319648
##     class counts:    43     2     0
##    probabilities: 0.956 0.044 0.000
##
## Node number 3: 296 observations
##   predicted class=CONT  expected loss=0.5135135  P(node) =0.8680352
##     class counts:   106    46   144
##    probabilities: 0.358 0.155 0.486
test %>%
  pull(class.text) %>%   #取出响应变量
  as.factor() -> objY    #转化为因子变量
predict(train.model,test,
      type = "class") %>%     #让预测结果返回类别变量
  as.factor()-> preY  # 转化为因子变量
p_load(caret)
confusionMatrix(preY,objY)     #生成混淆矩阵
## Confusion Matrix and Statistics
##
##           Reference
## Prediction AIMX BASE CONT
##     AIMX   15    0    0
##     BASE    0    0    0
##     CONT   26   13   24
##
## Overall Statistics
##
##               Accuracy : 0.5
##                 95% CI : (0.3846, 0.6154)
##     No Information Rate : 0.5256
##     P-Value [Acc > NIR] : 0.7149
##
##                  Kappa : 0.2312
##
```

```
##  Mcnemar's Test P-Value : NA
##
## Statistics by Class:
##
##                     Class: AIMX Class: BASE Class: CONT
## Sensitivity              0.3659      0.0000      1.0000
## Specificity              1.0000      1.0000      0.2778
## Pos Pred Value           1.0000         NaN      0.3810
## Neg Pred Value           0.5873      0.8333      1.0000
## Prevalence               0.5256      0.1667      0.3077
## Detection Rate           0.1923      0.0000      0.3077
## Detection Prevalence     0.1923      0.0000      0.8077
## Balanced Accuracy        0.6829      0.5000      0.6389
```

# 第9章

## 深入理解文本内涵——
## 文本情感分析

**本章概述：**

　　文本情感分析是指用自然语言处理、文本数据挖掘以及计算机语言学等方法来识别和提取文本素材中的主观信息。一般而言，分析的主要目的是找到文本创作者在一定场景下对某些话题或观点的两极态度（正面或负面）。了解文本情感的方法有很多种，例如，一个商品点评平台可以根据用户的打分及其评价，来对文本的情感进行识别。如果打分比较低，一般表示用户含有负面情绪。通过机器学习的方法可以对语言和情感之间的关系进行模式学习，从而对一些没有标签的文本进行情感识别。这种方法往往没有特定的规范模式，需要依赖于标注和特征提取，很难提炼出共性，因此本章不进行特别介绍。另一种常见的情感分析方法是词法分析。它的原理非常简单，事前需要定义一个情感词典。如"喜欢"这个词我们定义为 1 分。那么"我喜欢你"这句话，"我"和"你"都是中性词，均为 0 分，"喜欢"为 1 分，这句话的总分就是 1 分。"我喜欢你，但讨厌他"，这样一句话中有"讨厌"这个词，在情感词典中分数为"-1"，那么整句话的得分就是 0。可以根据场景的不同来更换情感词典，从而给不同的词语赋予不同的分值，以更准确地判断文本的情感方向和程度。本章将会针对这种方法进行深入的介绍。在目前的 R 语言社区中，现成工具大多都是针对英文进行情感判断的，但是只要原理相同，情感词典选用恰当，很多方法同样适用于中文的情感分析。本章将会对英文和中文的情感分析分别进行介绍并通过案例加以演示。

## 9.1　英文情感分析

　　在 R 语言的社区中，能够实现情感分析的包非常多。它们都会基于主流的分析流程，但是在细节处理和实现方法上各不相同。本节会精选 CRAN 上比较便捷而有效的包分别进行介绍。需要注意的是，这些包有的已经很成熟，有的还在不断发展中，在未来可能延伸拓展，具有更加优秀的表现。下面，将分别介绍 **RSentiment、sentimentr、SentimentAnalysis、meanr**

和 **sentometrics** 这 5 个 R 语言软件包。

## 9.1.1　RSentiment

RSentiment 包是一个整体设计上非常简单的包，能够对输入文本输出其分值或者情感类别。分值代表情感的极性，正数为积极，负数为消极。情感分类则可以分为 6 个类别，分别是"Very Negative"（非常消极）、"Negative"（消极）、"Neutral"（中性）、"Positive"（积极）、"Very Positive"（非常积极）和"Sarcasm"（讽刺）。RSentiment 有 3 个主函数，分别为：

calculate_score：计算一句话或多句话的分值（正数表示积极，负数表示消极，零值表示中性）。

calculate_sentiment：判断一句话或多句话的情感类别。

calculate_total_presence_ sentiment：统计不同情感类别句子的数量。

下面结合案例简单介绍这 3 个函数的基本用法。具体代码如下。

```
library(pacman)
p_load(RSentiment)

# 计算 3 个句子的分值
res = calculate_score(c("This package is doing well","This is an average
package","Package is not working well"))
## Warning in iconv(negative_words, "WINDOWS-1252", "UTF-8"): strings not
## representable in native encoding will be translated to UTF-8
## [1] "Processing sentence: this package is doing well"
## [1] "Processing sentence: this is an average package"
## [1] "Processing sentence: package is not working well"
# 查看分值
res
## [1] 1 0 -1
# 计算 3 个句子的情感分类
res = calculate_sentiment(c("This package is doing well","This is an average
package","Package is not working well"))
## [1] "Processing sentence: this package is doing well"
## [1] "Processing sentence: this is an average package"
## [1] "Processing sentence: package is not working well"
# 查看情感分类
res
##                          text sentiment
## 1  This package is doing well  Positive
## 2  This is an average package   Neutral
## 3 Package is not working well  Negative
# 统计不同情感类别句子的数量
res = calculate_total_presence_sentiment(c("This package is doing well","This is
an average package","Package is not working well"))
```

```
## [1] "Processing sentence: this package is doing well"
## [1] "Processing sentence: this is an average package"
## [1] "Processing sentence: package is not working well"
# 查看统计表
res
##      [,1]      [,2]      [,3]            [,4]      [,5]       [,6]
## [1,] "Sarcasm" "Negative" "Very Negative" "Neutral" "Positive" "Very Positive"
## [2,] "0"       "1"        "0"             "1"       "1"        "0"
```

RSentiment 包中有内置的情感词典，但是如果想要使用自定义的情感词典，可以使用 calculate_custom_score、calculate_custom_sentiment 和 calculate_custom_total_presence_sentiment 3 个函数，它们有"positivewords"和"negativewords"两个参数，可以对其进行赋值（接受英文单词的字符向量），进而来对积极情感词和消极情感词进行自定义。RSentiment 包仅支持对英文句子进行情感分析，无法对中文文本进行挖掘。更多的相关信息，可以在官网进行查阅（https://cran.r-project.org/web/packages/RSentiment/index.html）。

### 9.1.2　sentimentr

sentimentr 包与 RSentiment 包一样，是针对英文句子进行情感量化的工具，不过它主要给出情感的得分，而不会进行模糊化的分类。尽管 sentimentr 包的主要功能是做情感分析，但是它还具备对文本材料进行系统化处理的完备体系（如句子切分），使用起来非常方便。sentimentr 包的底层导入了 data.table 包，对计算效率与准确判断加以协调。因此，它尤其擅长应对数据量较大的情况。同时，sentimentr 包还能够在一定程度上对程度副词、反转词进行识别和量化。例如，"I really like you"的积极情感要比"I like you"要高，这在一般的情感分析工具中往往难以体现，通过 sentimentr 包则能够利用算法来对其进行加权。sentimentr 包的这些特性有利于我们对大文本数据进行更加健壮而准确的情感量化。下面，通过具体示例来对 sentimentr 包的核心功能进行说明。

首先，假设我们手中有一个字符型向量，向量中的每一个元素都是一段文字（包含一个或多个句子），先利用 **get_sentence** 函数来对其进行切分，然后用 **sentiment** 函数对每个句子的情感进行量化计算。具体代码如下所示。

```
library(pacman)
p_load(sentimentr)

mytext <- c(
    'do you like it?  But I hate really bad dogs',
    'I am the best friend.',
    'Do you really like it?  I\'m not a fan'
)
mytext <- get_sentences(mytext)
sentiment(mytext)
## Key: <element_id, sentence_id>
```

```
##    element_id sentence_id word_count  sentiment
##         <int>       <int>      <int>      <num>
## 1:          1           1          4  0.2500000
## 2:          1           2          6 -1.8677359
## 3:          2           1          5  0.5813777
## 4:          3           1          5  0.4024922
## 5:          3           2          4  0.0000000
```

在所得结果中，第一列是文本编号（虽然没有提供，但是会自动附上）；第二列是句子编号，代表句子在文本中是第几句话；第三列是句子中单词的数量；第四列是情感得分。

如果需要对整个段落进行情感的分析，可以使用 **sentiment_by** 函数进行操作，如下所示。

```
mytext <- c(
    'do you like it?  But I hate really bad dogs',
    'I am the best friend.',
    'Do you really like it?  I\'m not a fan'
)
mytext <- get_sentences(mytext)
sentiment_by(mytext)
## Key: <element_id>
##    element_id word_count          sd ave_sentiment
##         <int>      <int>       <num>         <num>
## 1:          1         10    1.497465    -0.8088680
## 2:          2          5          NA     0.5813777
## 3:          3          9    0.284605     0.2196345
```

可以发现所得结果有所不同：第一列是文本编号，第二列是文本单词数量，第三列是文本句子情感得分的标准差（如果只有一句话，无法计算标准差，则该项为缺失值 NA），第四列为文本总体情感得分。如果需要更换词典，可以对 sentiment 和 sentiment_by 函数中的"polarity_dt"参数进行调节。当前软件包内置有 11 个情感词包可以直接调用，而用户也可以根据自己的需要自定义情感词典，从而对文本情感进行更好的量化。关于更多的使用方法与背后的原理，可以参考项目的 GitHub 主页（http://github.com/trinker/sentimentr）。

### 9.1.3　SentimentAnalysis

SentimentAnalysis 包能够实现的功能与 RSentiment 包类似，但是它内置的词典更加丰富，包括 Harvard IV 词典、Loughran-McDonald 词典等，可以对金融、市场营销、点评网站等不同场景的文本进行情感识别。在分析的时候会直接给出多个词典的计算结果，用户可以比较不同词典的分析结果，从而选择合适的情感词典来解决自己的问题。此外，用户还能够使用自定义词典，并给词典的每一个词赋予权重，结合 LASSO 正则化的方法，进行更加精准的文本情感定量化分析。下面通过一个简单的例子来对一组句子进行情感分值的计算。

```
library(pacman)
```

```
p_load(SentimentAnalysis)

documents <- c("Wow, I really like the new light sabers!",
               "That book was excellent.",
               "R is a fantastic language.",
               "The service in this restaurant was miserable.",
               "This is neither positive or negative.",
               "The waiter forget about my a dessert -- what a poor service!")

sentiment <- analyzeSentiment(documents)

sentiment
##   WordCount SentimentGI NegativityGI PositivityGI SentimentHE NegativityHE
## 1         6   0.3333333    0.0000000    0.3333333         0.0    0.0000000
## 2         2   0.5000000    0.0000000    0.5000000         0.5    0.0000000
## 3         2   0.5000000    0.0000000    0.5000000         0.0    0.0000000
## 4         3  -0.6666667    0.6666667    0.0000000         0.0    0.0000000
## 5         3   0.0000000    0.3333333    0.3333333         0.0    0.3333333
## 6         5  -0.6000000    0.6000000    0.0000000         0.0    0.0000000
##   PositivityHE SentimentLM NegativityLM PositivityLM RatioUncertaintyLM
## 1    0.0000000         0.0    0.0000000    0.0000000                  0
## 2    0.5000000         0.5    0.0000000    0.5000000                  0
## 3    0.0000000         0.5    0.0000000    0.5000000                  0
## 4    0.0000000         0.0    0.0000000    0.0000000                  0
## 5    0.3333333         0.0    0.3333333    0.3333333                  0
## 6    0.0000000        -0.2    0.2000000    0.0000000                  0
##   SentimentQDAP NegativityQDAP PositivityQDAP
## 1     0.3333333      0.0000000      0.3333333
## 2     0.5000000      0.0000000      0.5000000
## 3     0.5000000      0.0000000      0.5000000
## 4    -0.3333333      0.3333333      0.0000000
## 5     0.0000000      0.3333333      0.3333333
## 6    -0.4000000      0.4000000      0.0000000
```

可以发现，获得的结果非常多，这些是来自不同词典获得的不同结果（比如 SentimentQDAP、NegativityQDAP、PositivityQDAP 三列分别表示在 QDAP 词典中计算的总体情感得分、正面情感得分和负面情感得分）。如果想基于其中一个词典的结果获得分类信息，可以使用 **convertToBinaryResponse** 和 **convertToDirection** 函数。前者获得的是二元分类（积极与消极），后者获得的是三元分类（积极、消极和中性）。例如，如果想要得到 QDAP 词典的结果分类，可采用以下方法。

```
convertToBinaryResponse(sentiment$SentimentQDAP)
## [1] positive positive positive negative positive negative
## Levels: negative positive
```

```
convertToDirection(sentiment$SentimentQDAP)
## [1] positive positive positive negative neutral  negative
## Levels: negative neutral positive
```

最后，还可以把这些分析结果与实际结果结合起来，然后利用 **compareToResponse** 函数对其判断效果进行评估。因为结果比较冗长，这里对代码不进行完整显示，其实现代码如下。

```
# 实际得分
response <- c(+1, +1, +1, -1, 0, -1)

# 评估
compareToResponse(sentiment, response)
```

关于内置词典的调整和自定义词典的方法，可以查阅官方帮助文档（https://cran.r-project.org/web/packages/SentimentAnalysis/vignettes/SentimentAnalysis.html）。值得注意的是，利用自定义的方法，SentimentAnalysis 包还能够对除英文以外其他语种的文本情感分析进行支持。

### 9.1.4　meanr

meanr 包只有一个核心函数，就是 **score** 函数。meanr 包的设计"简单粗暴"：仅支持一个基于过往文献的内置词典；它会对所有英文单词进行最简单的分词，也就是根据空格来进行划分（自动清除所有标点符号）；之后，对于所有分好的词，褒义词记为 1 分，贬义词记为-1 分，无法判断记为 0 分，然后通过简单的求和来计算情感得分。meanr 包的最大优势就是计算速度快，支持并行计算，因此非常适合对大块的文本数据进行快速探索。下面，结合案例进行一个具体的演示。

```
library(pacman)
p_load(meanr)

s1 = "Abundance abundant accessible."
s2 = "Banana apple orange."
s3 = "Abnormal abolish abominable."
s = c(s1, s2, s3)

score(s, nthreads=1)  # nthreads 可以控制线程数，默认为最大可用数量
##   positive negative score wc
## 1        3        0     3  3
## 2        0        0     0  3
## 3        0        3    -3  3
# 将所有文本合并为一个来计算
score(paste0(s, collapse=" "), nthreads=1)
##   positive negative score wc
## 1        3        3     0  9
```

结果一共由 4 列构成，positive 列为褒义词个数，negative 列为贬义词个数，score 列为最终得分（即褒义词个数与贬义词个数之差），wc 列统计了文本中所有单词的数量。关于更多关于 meanr 包的信息，可以参考其项目的 GitHub 主页（https://github.com/wrathematics/meanr）。

## 9.1.5 sentometrics

sentometrics 包是一套集成框架 https://github.com/sborms/sentometrics.app，它不仅能够对文本的情感进行定量化计算，还可以对计算得出的文本情感时间序列进行汇总、建模和预测。这个包集成了很多高性能的 R 软件包，因此计算速度非常快，很适合用于处理海量文本时间序列情感分析。同时，它还有基于 shiny 构建的无代码交互式应用（sentometrics.app），对不熟悉命令行操作的用户非常友好。这里通过一个简单的范例对 sentometrics 包的使用进行介绍。

首先，载入数据 usnews。

```
library(pacman)
p_load(sentometrics,quanteda)

data("usnews", package = "sentometrics")
data("list_lexicons", package = "sentometrics")
data("list_valence_shifters", package = "sentometrics")
```

所加载的数据中，usnews 是与美国经济相关的语料库（也包含相对不相关的内容），覆盖了自 1995 年至 2014 年共 4145 份文本，它们均来自《华尔街日报》（The Wall Street Journal）和《华盛顿邮报》（The Washington Post）。这份数据一共有 7 列，主要包括以下内容。

- id：字符型，文档唯一标识号。
- date：日期，其格式为"yyyy-mm-dd"。
- texts：字符型，文本信息。
- wsj：是否属于《华尔街日报》，1 表示属于。
- wapo：是否属于《华盛顿邮报》，1 表示属于。
- economy：是否与美国经济的内容有关，1 表示有关。
- noneconomy：是否与美国经济的内容无关，1 表示无关。

可以用 **str** 函数来查看 usnews 的构成。

```
str(usnews)
## 'data.frame':    4145 obs. of  7 variables:
## $ id      : chr  "830981846" "842617067" "830982165" "830982389" ...
## $ date    : chr  "1995-01-02" "1995-01-05" "1995-01-05" "1995-01-08" ...
## $ texts   : chr  "In 1994, the good times for Washington area stocks were
short-lived. They lasted only until Feb. 4, the day tha"| __truncated__ "NEW YORK --
Small stocks rose in light trading as investors' tentativeness continued to prevent
the market from"| __truncated__ "The Dow Jones industrial average climbed 19.17
points to close at 3857.65, and made most of its gain in the fin"| __truncated__
"First Months Performance Has Predicted the Markets Direction Accurately Many Times
```

```
Before. But Will It Do So Ag"| __truncated__ ...
   ## $ wsj        : num  0 1 0 0 1 0 1 0 1 1 ...
   ## $ wapo       : num  1 0 1 1 0 1 0 1 0 0 ...
   ## $ economy    : num  1 0 0 0 0 1 1 0 0 0 ...
   ## $ noneconomy : num  0 1 1 1 1 0 0 1 1 1 ...
```

可见，它是一个由 4145 行、7 列构成的数据框。在 sentometrics 包的工作流中，要采用其独特的数据格式，下面对数据进行格式转化。

```
corpus <- sento_corpus(corpusdf = usnews)
class(corpus)
## [1] "sento_corpus" "corpus"        "character"
```

可以发现，转化后的数据属于 "sento_corpus" 类，它是从 **quanteda** 包 "corpus" 类衍生出来的一个新类。**quanteda** 包是一个做文本挖掘的综合性 R 包，而 corpus 类则是该包中可以利用文本信息创建的一种数据类型。这种数据类型便于后续进行更多的函数操作，关于具体的介绍可以输入 "?quanteda::`corpus-class`" 和 "?quanteda::corpus" 进行详细了解。接下来，从中随机抽取 500 个样本作为语料库用于分析。这要借助 quanteda 包的 **corpus_sample** 函数。代码如下。

```
corpusSample <- quanteda::corpus_sample(corpus, size = 500)
```

把语料库准备好之后，还需要对情感词典（lexicons）和价位词典（valence word）进行设置。前者是打分的基本依据，后者则可以确定情感的方向和程度。在 sentometrics 包中有自带的词典，可以方便地进行调用。

```
l <- sento_lexicons(list_lexicons[c("LM_en", "HENRY_en")], list_valence_shifters
[["en"]])
```

关于内置词典更详细的介绍，可以输入 "?list_lexicons" 和 "?list_valence_shifters" 进行查阅。至此，对所有的文本材料都进行了合理的设置。

下面，对分析本身进行设置。sentometrics 包中，可以使用 **ctr_agg** 函数对文本进行时间序列情感分析。在该函数中，可以对很多分析细节进行详尽的设置。例如 "by" 参数可以控制时间序列的计量尺度，它可以是日（"day"）、周（"week"）、月（"month"）、年（"year"）。关于 **ctr_agg** 函数更多的设置，可以输入 "?ctr_agg" 进行查阅，这里先对 **ctr_agg** 函数进行简单设置，设置的内容包括在文档中如何做汇总（howWithin）、时间序列的计量尺度（by）、时滞窗口（lag）等。代码如下。

```
ctr <- ctr_agg(howWithin = "counts",
               howDocs = "proportional",
               howTime = c("equal_weight", "linear", "almon"),
               by = "month",
               lag = 3,
               ordersAlm = 1:3,
               do.inverseAlm = TRUE)
```

设置完毕后，可以对先前构建好的语料库进行情感计算，并查看结果。

```
# 情感计算
sento_measures <- sento_measures(corpusSample, l, ctr)
summary(sento_measures)
## This sento_measures object contains 64 textual sentiment time series with 238
observations each (monthly).
##
## Following features are present: wsj wapo economy noneconomy
## Following lexicons are used to calculate sentiment: LM_en HENRY_en
## Following scheme is applied for aggregation within documents: counts
## Following scheme is applied for aggregation across documents: proportional
## Following schemes are applied for aggregation across time: equal_weight linear
almon1 almon1_inv almon2 almon2_inv almon3 almon3_inv
##
## Aggregate average statistics:
##     mean      sd     max     min meanCorr
## -0.39580  2.41274  6.42705  -8.43424   0.23225
```

可以看到，总体而言语料库文本的情感是偏负面的（在综合统计量中平均值 Mean 下的得分为-0.39580）。

还可以通过设置 plot 函数对情感的时间波动进行可视化分析。例如，通过可视化图形可以展现语料库基于两个不同词典计算获得的情感波动信息（图 9.1）。

```
plot(sento_measures,"lexicons")
```

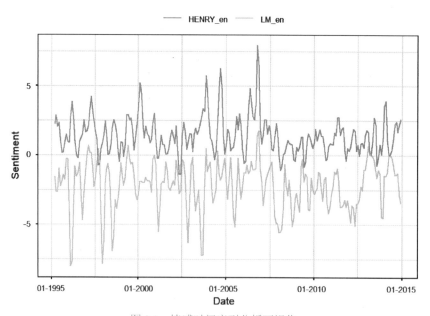

图 9.1　情感时间序列分析可视化

在图 9.1 中可以发现，两个词典表现的趋势大致相似（尽管绝对得分有所不同）。值得一提的是，sentometrics 软件包还在积极的开发中，后续还有更多的功能等待发掘。关于其最新的开发动态，可以关注 GitHub 主页（https://github.com/sborms/sentometrics）。

## 9.2　中文情感分析

CRAN 目前还没有针对中文情感分析的包，但是基于词典的情感分析原理非常简单，实现中文情感分析并不困难。在本节中，将会自行编写一段代码来进行中文的情感分析，其基本原理基本与前文介绍的 meanr 包一致。这套框架也可方便地推广到更加复杂的分析。以下分步骤来进行具体讲解。

### 9.2.1　环境与数据准备

本案例只需要使用 jiebaR 与 tidyfst 两个包，前者用于分词，后者用于对数据进行高效操作。文本数据设置非常简单，一共 3 条，并附上 id 列作为标志号。首先分别导入这两个包和文本数据。代码如下。

```
library(pacman)
p_load(jiebaR,tidyfst)


corpus = data.table(id = 1:3,text = c("北京欢迎你","爱打羽毛球","不能这样子，真的不
能"))
corpus
##       id               text
##    <int>             <char>
## 1:     1           北京欢迎你
## 2:     2           爱打羽毛球
## 3:     3 不能这样子，真的不能
```

### 9.2.2　情感词典准备

接下来设置情感词典。情感词典只需要两列：一列是情感词；一列是这些词的得分。这里设置相对简单，在具体使用中用户可以根据自己的需要来设置情感词及其情感的方向与权重。代码如下。

```
dict = data.table(word = c("爱","欢迎","不能"),score = c(1,1,-1))
dict
##      word score
##    <char> <num>
## 1:     爱     1
## 2:   欢迎     1
## 3:   不能    -1
```

### 9.2.3 中文分词

中文分词非常简单，按照每行来对文本进行分词，然后把表格转化为一个长表，每行只有一个词，方便后续对每个词赋予分值。代码如下。

```
cutter = worker()

corpus %>%
  rowwise_dt(  #按行进行分词
    mutate_dt(word = segment(text,cutter))
  ) %>%
  unnest_dt(word) -> tidy_table
```

处理过后，得到的结果就保存在 tidy_table 这个变量中。

### 9.2.4 分值计算

接下来进行情感得分计算。使用左连接来把语料库表格和情感词典表格连接在一起，如果没有识别的词语就忽略它们（认为它们的分值为 0），然后对获得的每个文本所有词的分数加起来，作为这一段文本的情感得分。代码如下。

```
tidy_table %>%
  left_join_dt(dict) %>% #完成左连接
  na.omit() %>%  #忽略缺失分数的条目
  select_dt(id,score) %>%  # 只取标志号和分数列
  summarise_dt(score = sum(score),by = id) %>%  #根据文档进行分数求和汇总
  arrange_dt(id) -> res
## Joining by: word
res
##       id score
##    <int> <num>
## 1:     1     1
## 2:     2     1
## 3:     3    -2
```

观察结果表格，我们可以这样解读：id 号为 1 的文档情感得分为 1；id 号为 2 的文档情感得分为 1；id 号为 3 的文档情感得分为-2。

### 9.2.5 小结

通过上面的例子可以看到，中文情感分析其实没有那么困难。它的本质是正确的分词，然后与情感词典连接并分组求和。在实际应用中，需要把情感词典作为分词的词典载入，这样才能够避免情感词被切分而无法识别。

# 第 10 章

文本数据的直观表达——

文本可视化

**本章概述：**

理解文本数据最直观的方法就是文本可视化。文本可视化是文本数据挖掘领域重要的任务之一，在前面的章节中，已经多处使用了可视化来展示文本数据分析的效果。要对文本进行可视化，需要对文本数据进行理解、分解和重构，这样才能有针对性地对非结构化的字符型数据进行清洗、整理，然后进行图表的绘制。R 语言作为一个面向统计计算和图形表示的语言环境，在文本可视化领域具有天然的优势。本章将会对一些常见的文本可视化方法进行介绍，并给出对应的 R 语言实现方法。

## 10.1 条形图

条形图是最常见的可视化方法之一，通常设置 x 轴为分类类别，y 轴为数值大小，从而对不同类别的某个指标进行比较。在文本数据挖掘中，最常见的就是对词频进行统计，然后用直方图来展示词频最大的几个条目，之后进行分析。以下通过具体实例说明，会使用 akc 软件包中自带的 bibili_data_table 数据框作为数据源，代码如下。

```
library(pacman)
p_load(akc,tidytext,tidyverse)

# 生成词频表格
bibli_data_table %>%
  select(id,keyword) %>%
  unnest_tokens(keyword,keyword,token = str_split,pattern = "; ") %>%
  filter(keyword != "") %>%   #清除空字符
  count(keyword,sort = T) %>% #词频统计
  top_n(10,n) -> sel_keyword  #筛选前 10 个词
```

```
sel_keyword
## # A tibble: 12 x 2
##    keyword                          n
##    <chr>                        <int>
##  1 academic libraries             133
##  2 information literacy            58
##  3 public libraries                52
##  4 libraries                       47
##  5 open access                     32
##  6 bibliometrics                   31
##  7 library and information science 31
##  8 university libraries            30
##  9 library services                26
## 10 collaboration                   23
## 11 collection development          23
## 12 social media                    23
```

要绘制词频条形图，其实只需要两列数据：其中一列为关键词，另一列为这个关键词出现的频次。因为有 3 个词的出现频率相同并列第十，所以数据中包含了 12 个关键词。下面，对这些关键词进行可视化，代码如下，结果如图 10.1 所示。

```
sel_keyword %>%
  ggplot(aes(keyword,n)) +
  geom_col() + # 条形图绘制
  coord_flip() + #反转 x 轴与 y 轴
  labs(y = NULL,x = NULL) #去除轴标题
```

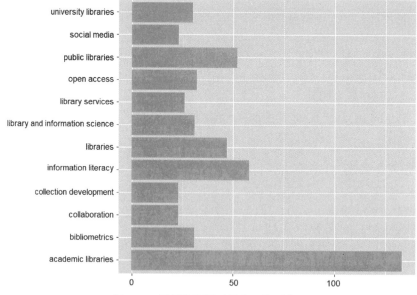

图 10.1　词频条形图可视化（校正前）

　　在上面的步骤中，对可视化的细节做了一些调整。首先把 x 轴和 y 轴的名称都去除（使用 lab 函数），其次把 x 轴与 y 轴做了调换（使用 coord_flip 函数）。尽管如此，条形图还是不够美观，再进一步做以下两个调整：让频数最高的词出现在最顶（调整变量顺序）；背景使用白色（使用 theme_bw 函数）。这样在展示的时候就可以清楚地看到关键词的排名顺序，同时让图中的条带显示得更加清晰代码如下，生成的条形图如图 10.2 所示。

```
sel_keyword %>%
  mutate(keyword = reorder(keyword,n)) %>% #调整顺序
  ggplot(aes(keyword,n)) +
  geom_col() +
  coord_flip() +
  labs(y = NULL,x = NULL) +
  theme_bw() #更改为白色背景
```

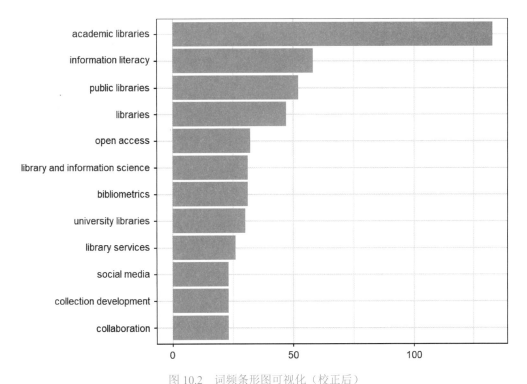

图 10.2　词频条形图可视化（校正后）

## 10.2　克利夫兰点图

　　克利夫兰点图（Cleveland Dot Plot）是条形图的另一种可视化形式，又被称为"棒棒糖图"，能够在一定程度上减少视觉上的混乱。这里，直接使用在 10.1 节中生成的 sel_keyword 数据框进行后续操作，进行演示。并且依然把 x 轴与 y 轴反转，这样才能更好地看清楚文本

信息。但是这里不使用 **coord_flip** 函数进行反转，而是直接在 aes 函数内部中把 x 轴与 y 轴的参数对调。同时，直接在 y 轴对文本显示顺序做出调整，让其根据词频多少从大到小自顶而下排列代码如下，可视化图形如图 10.3 所示。

```
ggplot(sel_keyword, aes(x = n, y = reorder(keyword, n))) +
  geom_point(size = 3) + #设置点的大小
  labs(x = NULL,y = NULL)+ #移除 x/y 轴标题
  theme_bw() +  #使用空白背景
  theme(
    panel.grid.major.x = element_blank(),
    panel.grid.minor.x = element_blank(),
    panel.grid.major.y = element_line(colour = "grey60", linetype = "dashed")
  )  #设置网格形式
```

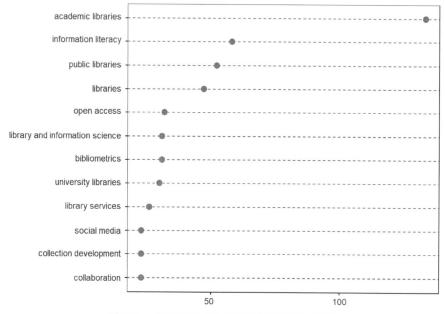

图 10.3　利用克利夫兰点图对词频进行可视化

## 10.3　矩形树状图

矩形树状图（Treemap）是一组矩阵的集合，矩阵的面积与数值成正比，既可以简单地罗列，也可以表示嵌套关系。在 R 语言中，可以使用 **treemapify** 包来绘制矩形树状图。还是使用名为 sel_keyword 的词频表格来进行演示。

在 treemapify 包中有两个重要函数：一个是 **geom_treemap**，另一个是 **geom_treemap_text**。前者可以对矩形树状图进行绘制，后者则可以在矩阵中显示文字。下面通过这两个函数生成矩形树状图，代码如下。

```
p_load(treemapify)

ggplot(sel_keyword, aes(area = n, label = keyword,fill = n)) +
  geom_treemap() +
  geom_treemap_text(fontface = "italic", colour = "white", place = "centre",
                    grow = TRUE)
```

图 10.4 就是生成的结果图，矩形面积越大代表词频越高。在上面的函数中，area 参数放入数值，label 参数则应该放入需要显示的文本，然后对矩形填充颜色（基于数值，数值越大，颜色越亮）。在 geom_treemap_text 函数中，声明字体为斜体（fontface = "italic"），颜色为白色（colour = "white"），放在中央位置（place = "centre"），并让字体的大小进行适应性调整（grow=TRUE）。如果需要使用嵌套结构，可以使用 geom_treemap_subgroup_border/geom_treemap_subgroup2_border/geom_treemap_subgroup3_border 函数，它们分别代表着不同层次的嵌套结构。如果要在嵌套中显示分类文字，可以使用 geom_treemap_subgroup_text/ geom_treemap_subgroup2_text/geom_treemap_subgroup3_text 函数。详细的使用方法可以参考其帮助文档，网址为：https://cran.r-project.org/web/packages/treemapify/index.html。

图 10.4　利用矩形树状图对词频进行可视化

## 10.4　词云

词云是文本可视化方法的一种，是把文本以横排或竖排的形式堆积在一起（也可以调整各种角度），字体的大小与其出现的次数呈正相关关系，而不同类别的词也可以拥有不同的配色。在 R 语言中，可以使用 **ggwordcloud** 包来绘制词云。这里，继续使用之前所使用的数据框 sel_keyword 进行演示。

最简单的词云绘制只需要一列，那就是文本信息。比如将上面 sel_keyword 变量作为输入，只利用其关键词一列，利用 ggwordcloud 包的 **geom_text_wordcloud** 函数构造词云图。代码如下，绘制的词云如图 10.5 所示，这个图形非常简单，所有关键词均为黑色，其大小均一致。

```
p_load(ggwordcloud)

set.seed(2020)
ggplot(sel_keyword, aes(label = keyword)) +
  geom_text_wordcloud() +
  theme_minimal() #背景设置为空白
```

图 10.5　简单词云可视化

还应该赋予词频相对应的权重，只需要设置 size 参数即可实现。还是利用之前生成的 sel_keyword 变量，把 size 参数设置为词频（在表格 sel_keyword 中的列名称为 "n"）。所生成的图形如图 10.6 所示，与图 10.5 相比可以发现，如果关键词的词频越高，则显示的关键词字号也会越大。

```
ggplot(sel_keyword, aes(label = keyword,size = n)) +
  geom_text_wordcloud() +
  theme_minimal()
```

图 10.6　词云可视化（利用词频对关键词字号大小进行校正）

还可以对这些词进行配色，可以给每一个词都配一个颜色。这需要把 **ggplot** 函数中 aes 子函数内的 color 参数设置为关键词本身（即 keyword）。可视化结果如图 10.7 所示。

```
ggplot(sel_keyword, aes(label = keyword,color = keyword)) +
  geom_text_wordcloud() +
```

```
theme_minimal()
```

collection development
library and information science
libraries
university libraries information literacy
academic libraries
library services public libraries　social media
open access　collaboration
bibliometrics

图 10.7　词云可视化（利用关键词对颜色进行校正）

也可以根据关键词出现次数的多少，来确定其颜色的深浅（颜色越亮，代表权重越高）。这需要把 **ggplot** 函数中 aes 子函数内的 color 参数设置为词频值（即 *n*）。可视化结果如图 10.8 所示。

```
ggplot(sel_keyword, aes(label = keyword,color = n)) +
  geom_text_wordcloud() +
  theme_minimal()
```

collection development
university libraries
bibliometrics libraries collaboration
library services public libraries
academic libraries
information literacy social media
open access
library and information science

图 10.8　词云可视化（利用词频对颜色进行校正）

ggwordcloud 包提供了一个扩展性很强的框架，用户可以非常便捷地利用它来设计符合自己需求的词云可视化。关于 ggwordcloud 包的更多用法，可以参考 CRAN 的官方文档（https://cran.r-project.org/web/packages/ggwordcloud/index.html）和作者的项目开发主页（https://github.com/ lepennec/ggwordcloud）。

## 10.5　词汇位置分布图

在有的文本数据挖掘任务中，需要探知某一个词语在文章中出现的位置以及出现频率的多少。一个典型的例子就是，通过分析一个剧本中不同角色出现的位置和频次，来确定角色的出场顺序和戏份多少。在 R 语言中，**quanteda** 包能够对目标词汇绘制词汇位置分布图（Lexical dispersion plot），这里将利用自定义的数据和 **quanteda** 包自带的 data_corpus_inaugural 数据集进行演示。

在绘制词汇位置分布图之前，需要对 quanteda 包的基本数据结构语料库类型 corpus 有所了解。下面的代码通过 **corpus** 函数将一段简单的文本数据转化为了 corpus。

```
library(pacman)
p_load(quanteda)
```

```
# 构造字符串向量
some_text = c("London bridge is falling down.",
              "Falling down, falling down",
              "London bridge is falling down. My fair lady.")
# 展示
some_text
## [1] "London bridge is falling down."
## [2] "Falling down, falling down"
## [3] "London bridge is falling down. My fair lady."
#转化为语料库类型
a_corpus = corpus(some_text)

# 查看数据类型
class(a_corpus)
## [1] "corpus"    "character"
```

可以看到，**corpus** 函数能够把任意的字符串向量转化为语料库类型（**corpus**）。这种数据类型是 **quanteda** 包自定义的数据类型，可以方便后续调用包内的函数来进行进一步处理。这里没有给文本进行命名，因此它自动使用 text1、text2、text3 对文本进行命名。如果想要自定义文本的名称，可以给字符向量先进行命名。如下所示。

```
names(some_text) = c("id1","id2","id3")
another_corpus = corpus(some_text)
another_corpus
## Corpus consisting of 3 documents.
## id1 :
## "London bridge is falling down."
##
## id2 :
## "Falling down, falling down"
##
## id3 :
## "London bridge is falling down. My fair lady."
```

可见，语料库的每一段文本都加了一个自定义的命名，分别为 id1、id2、id3。在实际使用中，会使用辨识度更高的名称为其命名（如文本的题目）。

回到可视化的任务中，首先来了解演示数据。

```
?data_corpus_inaugural
```

data_corpus_inaugural 这份数据中包含了自 1789 年开始美国总统的就职演讲，一共有 58 个文件。抽取第一个文件，然后查看"american"出现的位置。代码如下，生成的可视化图形如图 10.9 所示。

```
kwic(data_corpus_inaugural[1], pattern = "american") %>%
    textplot_xray()
```

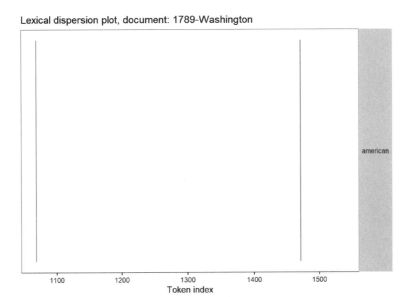

图 10.9　单词出现位置可视化（单个文本）

可以看到，"american"这个词在文档的首尾部分都出现了。这里使用的 **kwic** 函数能够对文本中的目标关键词进行定位。如果想知道这两个"american"出现位置分别在哪里，可以操作如下。

```
kwic(data_corpus_inaugural[1], pattern = "american")
##
## [1789-Washington, 1069]        to the hands of the | American |
## [1789-Washington, 1472] been pleased to favor the | American |
##
## people. Besides the ordinary
## people with opportunities for deliberating
```

事实上，可以同时对多个文本进行这样的可视化操作，如下所示，对数据集中所有发生在 1949 年之后的演讲文本同时进行可视化，结果如图 10.10 所示。

```
data_corpus_inaugural %>%
  corpus_subset(Year > 1949) %>%  #筛选 1949 年以后的文本
  kwic(pattern = "american") %>%  #把识别目标定为"american"
  textplot_xray()  #可视化
```

如图所示，x 轴表示单词在文本中出现的相对位置，比如在 0.00 处表示在文本开始的地方，而在 1.00 处表示在文本结尾的地方，黑线出现的位置则是单词在文本中出现的实际相对位置。可以看到，"american"这个单词在不同演讲中出现的相对位置也不同，这种可视化形式便于对多个文本进行比较。

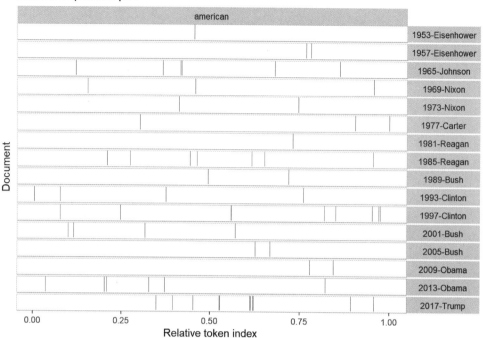

图 10.10　单词出现位置可视化（多个文本）

如果想对多个不同的词汇进行可视化，还可以把不同的 **kwic** 函数返回的结果重新放入 **textplot_xray** 函数中。例如要同时查看 "american" 和 "people" 这两个单词在 1949 年后演讲中的出现位置，可操作如下，生成的图形如图 10.11 所示。

```
data_corpus_inaugural %>%
  corpus_subset(Year > 1949) -> subset_data


textplot_xray(
    kwic(subset_data, pattern = "american"),
    kwic(subset_data, pattern = "people"))
```

在图 10.11 中，y 轴所显示的其实是词汇在文档中出现的相对位置。如果要获知其出现的绝对位置（这个词汇是整个文本中的第几个词），可以把 scale 参数设为 "absolute"，其结果如图 10.12 所示。

```
textplot_xray(
    kwic(subset_data, pattern = "american"),
    kwic(subset_data, pattern = "people"),
    scale = "absolute")
```

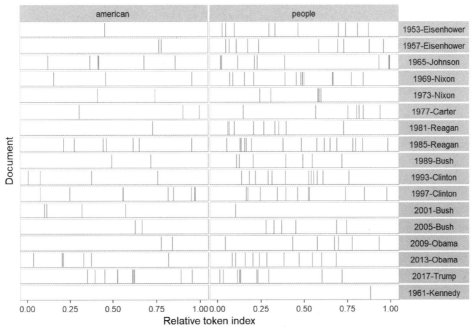

图 10.11　多个单词出现位置可视化（多个文本）

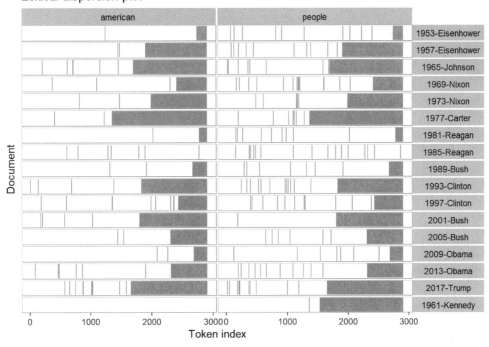

图 10.12　多个单词出现位置可视化（多个文本，显示单词出现的绝对位置）

因为 quanteda 包的可视化方法是基于 ggplot2 函数的，因此它具有更多灵活的自定义扩展。关于 quanteda 包更多的用法，可以参考其在线帮助文档（https://quanteda.io/articles/pkgdown/examples/plotting.html#lexical-dispersion-plot-1）。

## 10.6　网络图

在文本中，位置靠近的、常出现在同一个更大文本单位的词汇被认为是相互关联的，这种关系性可以使用社交网络可视化的方法表示出来，形成文本网络图。在文献计量分析中，经常利用文章的关键词构建共现关系网络，从而对研究主题的相互关系进行挖掘。在本节中，将利用 akc 包自带的数据集 bibli_data_table 来构建关键词共现网络。首先，利用这个数据集构建一个整洁的表格，它的每一行只有两列，分别是文档的编号和该文档内的一个关键词。具体代码如下。

```
library(pacman)
p_load(akc,tidytext,tidyverse,widyr,tidygraph,ggraph,igraph)

tidy_table = bibli_data_table %>%
  select(id,keyword) %>%  #筛选编号列和关键词列
  unnest_tokens(keyword,keyword,token = strsplit,split = "; ")

tidy_table
## # A tibble: 5,382 x 2
##       id keyword
##    <int> <chr>
## 1      1 austerity
## 2      1 community capacity
## 3      1 library professional
## 4      1 public libraries
## 5      1 public service delivery
## 6      1 volunteer relationship management
## 7      1 volunteering
## 8      2 comparative librarianship
## 9      2 korea
## 10     2 library legislation
## # ... with 5,372 more rows
```

如结果所示，在 tidy_table 变量中，id 列为文档编号，keyword 列为隶属于该文档的关键词。接下来，利用 tidy_table 这个表格来构建两两相互关系的表格。也就是说，出现在同一个文档中的所有关键词，它们两两之间都存在着联系，因此需要对其进行汇总记录。通过 **widyr** 包的 **pairwise_count** 函数加以实现，并且要把 upper 参数设置为 FALSE，这样才能够避免重复计算（A 和 B 的关系与 B 和 A 的关系是一样的，因此只需要记为一次）。具体代码

如下。

```
tidy_table %>%
  pairwise_count(keyword,id,upper = FALSE) -> pair_table

pair_table
## # A tibble: 13,110 x 3
##    item1              item2                        n
##    <chr>              <chr>                    <dbl>
##  1 austerity          community capacity           1
##  2 austerity          library professional         1
##  3 community capacity library professional         1
##  4 austerity          public libraries             1
##  5 community capacity public libraries             1
##  6 library professional public libraries           1
##  7 austerity          public service delivery      1
##  8 community capacity public service delivery      1
##  9 library professional public service delivery    1
## 10 public libraries   public service delivery      1
## # ... with 13,100 more rows
```

现在，关键词两两之间的相互关系保存在了 pair_table 变量中。这个数据框一共有 3 列，item1 和 item2 分别是关键词对的两个词汇，而列 n 则代表这两个词在文档中总共一同出现了多少次。接下来，根据这些信息进行网络的构建。具体代码如下。

```
pair_table %>%
  graph_from_data_frame(directed = FALSE) %>%
  as_tbl_graph() -> my_graph

my_graph
## # A tbl_graph: 3291 nodes and 13110 edges
## #
## # An undirected simple graph with 77 components
## #
## # Node Data: 3,291 x 1 (active)
##   name
##   <chr>
## 1 austerity
## 2 community capacity
## 3 library professional
## 4 public libraries
## 5 public service delivery
## 6 volunteer relationship management
## # ... with 3,285 more rows
```

```
## #
## # Edge Data: 13,110 x 3
##    from    to      n
##   <int> <int>  <dbl>
## 1    1     2      1
## 2    1     3      1
## 3    2     3      1
## # ... with 13,107 more rows
```

上面的代码，利用 igraph 包的 **graph_from_data_frame** 函数把数据框转化为图结构，并声明它是一个无向图（directed = FALSE）。同时，将其转化为 tbl_graph 格式，这种格式有利于进行后续的操作。

下面，对网络进行可视化。需要说明的是，根据 my_graph 变量显示的信息可知，这是一个拥有 3291 个节点、13110 条边的网络，因此很难在有限的屏幕中快速有效地展示它们，只能截取其中的一部分来做可视化。可以根据网络中节点的度（Degree），来对这些关键词的重要性进行度量。节点的度的概念是，一个节点如果能与其他 n 个节点直接连接，那么它的度就是 n。在 R 环境中求节点度，可以使用 **tidygraph** 包中的 **centrality_degree** 函数，具体实现代码如下。

```
my_graph %>%
  mutate(degree = centrality_degree()) -> my_graph_d
my_graph_d
## # A tbl_graph: 3291 nodes and 13110 edges
## #
## # An undirected simple graph with 77 components
## #
## # Node Data: 3,291 x 2 (active)
##   name                              degree
##   <chr>                              <dbl>
## 1 austerity                            11
## 2 community capacity                    6
## 3 library professional                  6
## 4 public libraries                    216
## 5 public service delivery               6
## 6 volunteer relationship management     6
## # ... with 3,285 more rows
## #
## # Edge Data: 13,110 x 3
##    from    to      n
##   <int> <int>  <dbl>
## 1    1     2      1
## 2    1     3      1
## 3    2     3      1
```

```
## # ... with 13,107 more rows
```

可以看到，现在节点度的信息已经在节点的表格中了。下面，我们挑选节点度最高的前 20 个节点，然后利用 **ggraph** 包进行可视化。代码如下所示，可视化图形如图 10.13 所示。

```
my_graph_d %>%
    arrange(-degree) %>%  # 按照节点度倒序排列
    slice(1:20) %>%  #筛选前 20 位的节点
    ggraph(layout = "fr") + #选择一种网络布局
    geom_edge_link(aes(edge_alpha = n), show.legend = FALSE) + #边透明度与 n 成正比
    geom_node_point(color = "lightblue", size = 5) +  #节点颜色为浅蓝色，大小为 5
    geom_node_text(aes(label = name), repel = TRUE) + #显示节点名称，并防止重叠
    theme_void() #背景设置为空
```

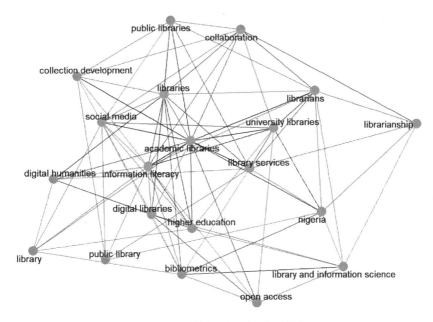

图 10.13　关键词共现关系网络图

在图 10.13 中可以看到，"academic libraries" 这个关键词在网络中处于中心的位置。同时，也能够发现哪些重要的关键词比较有可能同时出现在同一篇文献中。

关于 ggraph 包更多可视化的设置，可以输入 "?ggraph" 进行查询，同时可以参考官方的文档进行查阅和个性化设置（网址为：https://cran.r-project.org/package=ggraph;https: //ggraph. data-imaginist.com/）。

## 10.7　双文档对比可视化

有时候需要对两个或者两组文档进行词频的对比，从而发现不同文档的哪些词频明显比

另一个文档高，这就需要使用双文档的对比可视化。本节会对双文档对比可视化进行简介。此处仍使用 akc 包的 bibli_data_table 数据集为例，取第 1~700 个文档作为第一组文档，取第 701~1400 个文档作为第二组文档，对它们的词频进行比较。

第一步，需要把文档整洁化，然后把它分为两组文档，并分别命名为 doc1 和 doc2。这里会直接使用 akc 包的函数 keyword_clean 进行清洗并整洁化，它能够对关键词部分进行分词、去除多余空格、全部转化为小写、去除括号及其内部内容等清理。代码如下。

```
library(pacman)
p_load(akc,tidytext,tidyverse,scales)

bibli_data_table %>%
  keyword_clean() -> tidy_table

doc1 = tidy_table %>% filter(between(id,1,700))
doc2 = tidy_table %>% filter(between(id,701,1400))
```

第二步，分别对两组文档进行词频统计。这一步会对词频百分比进行计算，也就是这个词占所有词数量的比例（另一种方案是直接除以文档数量，即 700），通过这个词频占比可以了解这个词在组内的相对重要性。两个文档获得的比例结果，我们对其列分别重命名为 doc1 和 doc2，并保存到 freq1 和 freq2 两个变量中。代码如下。

```
doc1 %>%
  count(keyword) %>%
  mutate(n = n/sum(n)) %>%  #求词频百分比
  rename(doc1 = n) -> freq1

doc2 %>%
  count(keyword) %>%
  mutate(n = n/sum(n)) %>%
  rename(doc2 = n) -> freq2
```

第三步，对两个词频表格进行内连接。这一步中，两个表格会根据共有列 keyword 进行内连接，只有两个表格中都包含的关键词（即 keyword 列的字符串）条目会被保留下来。

```
freq1 %>%
  inner_join(freq2) -> compare_table
## Joining, by = "keyword"
```

第四步，利用 ggplot2 包对两个文档中的词频比较情况进行可视化。代码如下，可视化图形如图 10.14 所示。

```
ggplot(compare_table, aes(x = doc1, y = doc2, color = abs(doc1 - doc2))) +
  geom_abline(color = "gray40", lty = 2) +
  geom_jitter(alpha = 0.1, size = 2.5, width = 0.3, height = 0.3) +
```

```
geom_text(aes(label = keyword), check_overlap = TRUE, vjust = 1.5) +
scale_x_log10(labels = percent_format()) +
scale_y_log10(labels = percent_format()) +
scale_color_gradient(limits = c(0, 0.001), low = "darkslategray4", high =
"gray75") +
theme(legend.position="none")
```

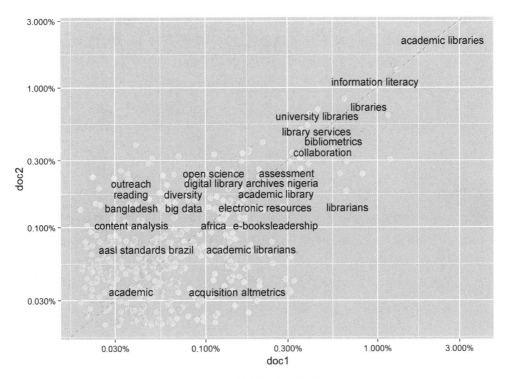

图 10.14　双文档词频对比图

可以发现，如果第一组文档 doc1 与第二组文档 doc2 中的一些关键词频率差距越大，那么这些关键词的文字就越不透明，这种可视化方法有利于看到两个文档的重要词频差异性。这个方法不仅仅可以比较词频，还可以比较包括 TF-IDF 在内的其他指标。

第 11 章

举一反三——

文本数据挖掘项目实践

本章概述：

本章将融合书中提及的所有文本挖掘知识与技巧，通过 3 个不同应用场景的项目实战案例，囊括典型的情感量化、文本分类和关键词提取问题，带领读者熟练运用各种文本数据挖掘的方法，做到举一反三。

## 11.1 情感分析案例：量化中文新闻报道中的情感走势

### 1. 背景简介

对专题新闻文本进行情感量化，有助于对当前舆情进行把握。在当前信息爆炸的时代，新闻媒体产生的文本数据非常多，要逐一通读非常困难。而文本情感分析技术，则让全文本情感量化成为可能。尽管通过这种方法来把握情感相对有些粗线条，但是它的效率非常高，能够在宏观层面上提供一定的参考。

### 2. 文本数据结构

本项目共有两个数据文件，其一是中文新闻文本，保存在 "new.fst" 文件中；另一个文件则是自定义的情感词典，保存在 "cn_senti_dict.csv" 文件中。两个文件可以从笔者的 GitHub 主页获得，网址为 https://github.com/hope-data-science/text_mining_R。首先读取数据，并观察其数据结构。

```
library(pacman)
p_load(tidyfst,tibble)

# 读取
# 请读者自行更换为自己文件所存储的路径
news = import_fst("tables/news.fst")
```

```
dict = fread("tables/cn_senti_dict.csv")

# 展示
news %>% as_tibble()
## # A tibble: 1,654 x 2
##    date          text
##    <chr>         <chr>
```

## 1 2020-04-23 14:1~ 据德国疾控机构罗伯特·科赫研究所统计，截至 23 日零时，德国新增 2352 例新冠肺炎确诊病例，累计 148046 例，新增 21~

## 2 2020-04-23 11:0~ "五一"假期临近，目前，安徽省文化和旅游厅明确要求，安徽境内的 4A 级及以上旅游景区在法定节假日要全部落实预约游览，实现"应~

## 3 2020-04-23 13:2~ 北京时间 4 月 21 日 20 时，南京市捐赠的 3 万只口罩、620 瓶抗疫药品和 200 套防护服抵达德国海德堡，被送到海德堡市政府及~

## 4 2020-04-23 13:4~ 五一假期来临之际，山东济南为做好旅游景区疫情防控和安全有序开放，采取了多项措施。一是强化流量管理。景区及场馆全面执行实~

## 5 2020-04-23 09:4~ 据斯坦福大学网站在当地时间 4 月 22 日发布的消息称，美国名校斯坦福大学前校长唐纳德·肯尼迪（Donald Kennedy~

## 6 2020-04-23 09:1~ 4 月 22 日 0—24 时，浙江无新增境外输入新冠肺炎确诊病例。新增出院病例 2 例。截至 4 月 22 日 24 时，累计报告境外输入确诊~

## 7 2020-04-23 08:4~ 4 月 22 日 0—24 时，31 个省（自治区、直辖市）和新疆生产建设兵团报告新增确诊病例 10 例，其中 6 例为境外输入病例，4 例~

## 8 2020-04-23 08:3~ 德国联邦疫苗和生物药物研究所当地时间 22 日批准首款新冠病毒疫苗进入临床试验。该研究所认为，今年内预计会有其他候选疫苗进~

## 9 2020-04-23 08:0~ 2020 年 4 月 22 日 0—24 时，黑龙江省省内新增确诊病例 3 例（哈尔滨 3 例，本土无症状感染者转为确诊病例 2 例），其中：新~

## 10 2020-04-23 07:3~ 美国当地时间 4 月 22 日，旧金山市长伦敦·布里德宣布，从当天起，旧金山所有必需工作者都可以接受新冠病毒检测，同时旧金山的~

```
## # ... with 1,644 more rows
dict
##           word score
##         <char> <int>
##   1:    一专多能     1
##   2:    一丝不差     1
##   3:    一丝不苟     1
##   4:   一个心眼儿     1
##   5:    一五一十     1
##  ---
## 8932:       龃    -1
## 8933:      龃龉    -1
## 8934:       龉    -1
## 8935:       龌    -1
## 8936:      龌龊    -1
```

从上面的展示中可以看到，新闻文本 news 所保存的数据一共有两列：一列为时间；另一列则为新闻文本。而 dict 所保存的词典数据也由两列构成：其中一列为词组；另一列则为词组的情感得分（自定义的词典中，积极词一律为 1 分，消极词一律为-1 分）。

### 3．方法框架

本项目希望能够对每个日期内的新闻情感进行量化，首先要对每条新闻进行情感量化，然后根据日期来求得每天所有新闻情感得分的均值。而对每条新闻的情感进行量化，又要先对新闻文本进行分词（本项目将用 jiebaR 包完成），并将其转化为一个整洁的表格（即每行最基本单元为分词获得的结果），然后通过与情感词典进行内连接，获得每条新闻每个词语的分数，进而计算新闻得分。详细过程可参考下面的代码实现部分。

### 4．代码实现

（1）文本预处理

在分词之前，首先观察到日期变量还包含时间信息，这是不需要的，因此可以去掉。此外，新闻条目并没有唯一标志号，因此要新增一列 id 来进行标注。代码如下所示。

```
news %>%
  mutate_dt(date = as.Date(date),
            id = 1:.N) -> date_news
```

在上面的步骤中，首先使用了 as.Date 函数把原始的文本字符串转化为日期变量。然后，我们补了名为 id 的列，利用行的数量来进行填充，即从 1 到 1654 的全体整数（这里，".N"可以自动找到总行数）。

（2）分词

现在，对新闻文本进行分词。首先，利用 jiebaR 包构建一个名为 wk 的分词器，然后对 text 列进行逐一分词（注意，需要使用 lapply 参数以确保返回一个与原始数据框行数相同的列表），最后使用 unnest_dt 函数把分词结果展开。分词后，得到一个由三列构成的表格，其中 date 列表示新闻发布日期，id 则是新闻的唯一标志号，而 text 则为每条新闻文本经过分词后的最小文本单元。具体代码如下所示。

```
p_load(jiebaR)
wk = worker()  # 构建中文分词器

date_tokens = date_news %>%
  mutate_dt(text = lapply(text,segment,jieba = wk)) %>%
  unnest_dt(text)

date_tokens
##             date     id   text
##           <Date> <int> <char>
##     1: 2020-04-23     1     据
##     2: 2020-04-23     1   德国
##     3: 2020-04-23     1   疾控
##     4: 2020-04-23     1   机构
```

```
##    5: 2020-04-23     1 罗伯特
##    ---
## 86922: 2020-03-24   1654    总台
## 86923: 2020-03-24   1654    央视
## 86924: 2020-03-24   1654    记者
## 86925: 2020-03-24   1654    苏蒙
## 86926: 2020-03-24   1654 阿尔曼
```

（3）情感量化

情感量化，需要获得每个最小文本单元的情感得分，然后进行汇总统计。首先，要把获得的数据表与情感词典进行内连接，这样就获得了每一天每一条新闻中每一个文本单元的情感得分，具体代码如下所示。

```
date_tokens %>%
  inner_join_dt(dict,
            by = c("text" = "word")) # 确定连接合并的共有列
## Key: <text>
##      text      date    id score
##    <char>    <Date> <int> <int>
##  1:  一定 2020-04-22    43     1
##  2:  一定 2020-04-18   181     1
##  3:  一定 2020-04-18   186     1
##  4:  一定 2020-04-17   218     1
##  5:  一定 2020-04-15   275     1
##  ---
## 4290:  高级 2020-03-31  1185     1
## 4291:    鲁 2020-04-13   405    -1
## 4292:    鲁 2020-04-13   405    -1
## 4293:    鲁 2020-04-01  1107    -1
## 4294:    鲁 2020-03-28  1450    -1
```

而后，需要先计算每一个新闻的具体得分，它是所有新闻分词后的文本单元之和。这里，利用日期与唯一标志号进行分组求均值。具体代码如下。

```
date_tokens %>%
  inner_join_dt(dict,by = c("text" = "word")) %>%
  summarise_dt(score = mean(score),by = "id,date")
##       id      date score
##    <int>    <Date> <num>
##  1:   43 2020-04-22     1
##  2:  181 2020-04-18     1
##  3:  186 2020-04-18     1
##  4:  218 2020-04-17     1
##  5:  275 2020-04-15     1
```

```
##   ---
## 1300:  1379 2020-03-29    -1
## 1301:   469 2020-04-09    -1
## 1302:    41 2020-04-22    -1
## 1303:   203 2020-04-17    -1
## 1304:   757 2020-04-05     1
```

最后，以日期为分组，求每一天的新闻得分均值，作为最终获得的每日情感量化值。代码如下所示。

```
date_tokens %>%
  inner_join_dt(dict,by = c("text" = "word")) %>%
  summarise_dt(score = mean(score),by = "id,date") %>%
  summarise_dt(score = mean(score),by = date) %>%
  arrange_dt(date)-> date_sentiment
```

```
date_sentiment
##          date      score
##        <Date>      <num>
##  1: 2020-03-24 0.9285714
##  2: 2020-03-26 0.8106667
##  3: 2020-03-27 0.8567743
##  4: 2020-03-28 0.8370269
##  5: 2020-03-29 0.8518020
##  6: 2020-03-30 0.7978968
##  7: 2020-03-31 0.8638095
##  8: 2020-04-01 0.8377551
##  9: 2020-04-02 0.8255607
## 10: 2020-04-03 0.8985372
## 11: 2020-04-04 0.8941856
## 12: 2020-04-05 0.9539683
## 13: 2020-04-06 0.9249578
## 14: 2020-04-07 0.8846154
## 15: 2020-04-08 0.8441176
## 16: 2020-04-09 0.6190476
## 17: 2020-04-10 0.9515152
## 18: 2020-04-11 1.0000000
## 19: 2020-04-12 0.8571429
## 20: 2020-04-13 0.7285354
## 21: 2020-04-14 0.8677003
## 22: 2020-04-15 0.8984274
## 23: 2020-04-16 0.8133333
## 24: 2020-04-17 0.8735294
## 25: 2020-04-18 0.8111472
```

```
## 26: 2020-04-19 0.7522321
## 27: 2020-04-20 0.7001443
## 28: 2020-04-21 0.9391737
## 29: 2020-04-22 0.7006508
## 30: 2020-04-23 0.7545918
##         date      score
```

如上面的情感量化值结果所示，得到了一个两列的表格：一列为日期；另一列为当天的情感分值。如果分数越高，说明积极情绪越高，否则则越低。这个案例还体现了管道操作符"%>%"的优点，可以通过执行部分代码来直接看到结果，但是在最后又可以通过管道操作符把各个部分连接起来一步到位地获得结果。这种编程结构具有很强的可分性质，模块化强，很适合探索性数据分析。

（4）可视化

对于获得的得分结果，还可以使用 ggplot2 包进行文本可视化，这样有利于直观认识新闻情感的大致走势。具体代码如下，可视化图形如图 11.1 所示。

```
p_load(ggplot2)
date_sentiment %>%
  ggplot(aes(date,score)) +
  geom_point() + geom_line()
```

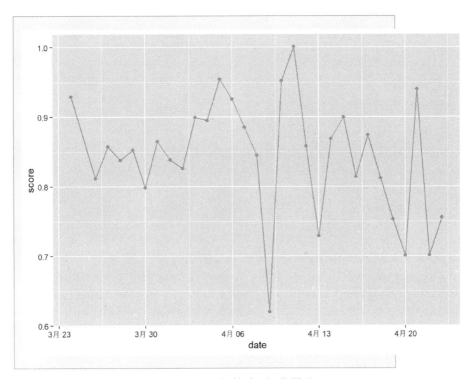

图 11.1　新闻情感可视化图形

**5. 项目小结**

本项目对新闻的文本信息进行了情感量化，然后给出了可视化图形展示。在具体的实践中，要做更为精确的情感量化，依赖于分词是否精确地提出了情感词，以及情感词典是否包含足够多的情感词，并对其进行准确的量化。一个比较好的建议是，把情感词纳入到分词表中，从而在分词的过程中就能够识别情感词。此外，对于不同专题的研究和工作，往往需要个人或团队根据背景知识来调整情感词典的内容，例如有的情感词典不仅仅能够区分积极和消极两种情绪，还能够辨别情绪是否为悲伤、恐惧、惊喜等。此外，随着语言的不断发展，新词的出现也需要从业者不断地更新词库并调整这些词的情绪分值。

# 11.2  文本分类案例：基于词袋模型对英文期刊摘要来源进行分类

**1. 背景简介**

不同的学术期刊会有自己的行文风格和主题取向，这包括对用词的倾向，因此利用文字内容来对文本进行训练并分类是一个可行性较高的任务。本案例将尝试基于词袋模型将英文期刊摘要文本进行向量化，然后尝试构建模型来对其来源分类进行拟合。其中，词袋模型将会分别考虑 n 元划分，即单个词作为基本文本单元或多个词构成的词组作为独立文本单元。最后，会采用新的测试集来验证 n 元划分的引入是否提高了模型的分类效果。

**2. 数据结构**

本案例采用的数据结构非常简单，保存在"classify_case.fst"文件中，可在笔者 GitHub 主页中获得（https://github.com/hope-data-science/text_mining_R）。这里，将其导入到 R 语言环境中并进行简单的观察。具体代码如下。

```
library(pacman)
p_load(tidyfst,tibble)

# 请读者自行更改为自己的文件路径
data_raw = import_fst("tables/classify_case.fst")

data_raw %>% as_tibble()
## # A tibble: 657 x 2
##    text                                                          source
##    <chr>                                                         <chr>
##  1 Genetic diversity within key species can play an important role in th~ Ecolo~
##  2 Seed removal can influence plant community dynamics, composition, and~ Ecolo~
##  3 Biological invasions can have dramatic impacts on communities and bio~ Ecolo~
##  4 The role of littoral habitats in lake metabolism has been underrated,~ Ecolo~
##  5 Plant-herbivore interactions have been predicted to play a fundamenta~ Ecolo~
##  6 Niche differentiation is normally regarded as a key promoter of speci~ Ecolo~
##  7 Many studies examine how body size mediates energy use, but few inves~ Ecolo~
##  8 Changes in population density alter the availability, acquisition, an~ Ecolo~
```

```
##  9 Symbiotic nitrogen (N) fixation provides a dominant source of new N t~ Ecolo~
## 10 Predictable effects of resource availability on plant growth-defense ~ Ecolo~
## # ... with 647 more rows
```

可以看到，数据框一共由两列构成。其中，第一列 text 包含了英文摘要的文本信息，而第二列 source 则包含了文本的来源分类。在显示的时候，如果文本太多，缺省部分会用"~"符号表示。可以看一下分类各自的文本数量。

```
data_raw %>%
  count_dt(source)
##     source      n
##     <char> <int>
## 1: Ecology    421
## 2:   Oikos    236
```

如上所示，一共有来源于 Ecology 的摘要 421 条，而来自 Oikos 的摘要则有 236 条。

**3. 方法框架**

尽管词袋模型非常简单，但是在文本分类中常能够有较好的表现，而且可行性非常高。本项目中，对英文分词将会尝试分为 1 元单词和同时考虑 1 元和 2 元单词，进而比较两者之间的分词效果。对于实现步骤，主要分为 3 个过程。

1）通过文本构建文档-术语矩阵（Document-Term Matrix, DTM，DTM 中每行代表一个文档，每列代表一个术语）。这个构建过程中分为 1 元划分和 1 元与 2 元同时划分。

2）因为响应变量只有两个类别，因此我们将根据构建的 DTM，利用弹性网模型来进行二分类；

3）利用构建的模型，对新的数据进行测试，从而比较不同模型的性能。

**4. 代码实现**

（1）训练集与测试集的划分

由于我们还需要在模型训练之后对其进行测试，因此要先进行划分。这里，采用 80%的原始数据作为训练集，20%的数据作为测试集。其中，划分的时候需要根据摘要来源做分层抽样，从而保证训练集和测试集中两个类别的比例保持一致。具体代码如下所示。

```
# 对数据进行标注，并去除换行符号
data_id = data_raw %>%
  mutate_dt(id = 1:.N) %>%
  mutate_dt(text = str_remove_all(text,"\n"))

set.seed(2020)

# 根据 source 分组，随机选取两组中 80%的数据构成训练集
data_id %>%
  group_dt(
    by = source,
```

```
      sample_frac_dt(size = 0.8)
  ) -> train

# 选取剩下的数据作为预测集
data_id %>%
  anti_join_dt(train,by = "id") -> test

# 观察训练集和预测集中不同来源的数量
train %>% count_dt(source)
##    source      n
##    <char> <int>
## 1: ECOLOGY   336
## 2:   OIKOS   188
test %>% count_dt(source)
##    source      n
##    <char> <int>
## 1: ECOLOGY    85
## 2:   OIKOS    48
```

在上面结果中可以观察到，训练集中摘要来源于 Ecology 的有 336 条，来源于 Oikos 的有 188 条；而测试集中，来源于 Ecology 的有 85 条，而来源于 Oikos 的有 48 条。

（2）DTM 的构建

在本步骤中，要完成对原来的文档进行分词然后构建 DTM 矩阵的过程。首先，要对预处理的方法进行设置。例如，先构建一个分词器，对文本进行一元分割（即一个单词作为一个术语，不考虑多个单词构成的英文词组），并把所有大写字母都转为小写。代码如下。

```
p_load(text2vec,tidytext)
it_train = itoken(train$text,
          preprocessor = tolower,  #预处理全部转为小写
          tokenizer = word_tokenizer,  #进行单词分割
          ids = train$id,
          progressbar = FALSE)
```

设置好之后，可以使用 create_vocabulary 函数对词库进行构建，函数内可以定义停止词。在此，使用 tidytext 包提供的停止词库，需要注意的是，create_vocabulary 函数内部的 stopwords 参数接收的是一个字符型向量。

```
vocab = create_vocabulary(it_train,
                    stopwords = unique(stop_words$word))
```

同时，希望对筛选出来的词做一些限定。例如，我们希望 DTM 中出现的单词出现至少 10 次，而在文档中，出现的频率不少于 0.1%（太稀有的词在模型中的效率不高），而且不大于 50%（太常用的词对类别的分辨作用有限）。具体代码如下。

```
pruned_vocab = prune_vocabulary(vocab,
                                term_count_min = 10,
                                doc_proportion_max = 0.5,
                                doc_proportion_min = 0.001)
vectorizer = vocab_vectorizer(pruned_vocab)
```

而后，就可以根据先前获得的数据，来创建训练集的 DTM。

```
dtm_train  = create_dtm(it_train, vectorizer)
```

如果需要进行 n 元划分，只要在 create_vocabulary 函数中对 ngram 参数做调整即可。例如我们要同时纳入 1 元词和 2 元词，可以这样操作：

```
vocab = create_vocabulary(it_train,ngram = c(1L,2L),
                          stopwords = unique(stop_words$word))
pruned_vocab = prune_vocabulary(vocab,
                                term_count_min = 10,
                                doc_proportion_max = 0.5,
                                doc_proportion_min = 0.001)
vectorizer2 = vocab_vectorizer(pruned_vocab)
dtm_train2  = create_dtm(it_train, vectorizer2)
```

现在 dtm_train 和 dtm_train2 两个变量就是需要获得的两个 DTM 矩阵，分别代表普通分词和结合 n 元分词向量化的结果。

（3）模型拟合

接下来，会用弹性网模型来对模型进行训练。这里，将会使用 glmnet 包中的 cv.glmnet 函数进行建模，会设置 family 参数为'binomial'。同时，采用 5 折交叉验证（即把数据平均分为 5 份，利用其中 4 份作为训练集，1 份作为验证集进行测试），并利用 AUC 作为损失函数（在 type.measure 参数中进行设置）。

```
p_load(glmnet)
glmnet_classifier = cv.glmnet(x = dtm_train, y = train[['source']],
                              family = 'binomial',
                              type.measure = "auc",
                              nfolds = 5)
glmnet_classifier2 = cv.glmnet(x = dtm_train2, y = train[['source']],
                              family = 'binomial',
                              type.measure = "auc",
                              nfolds = 5)
```

默认迭代次数为一百次（最终会获得 100 个 AUC 值），可以观察一下两个分类器最佳分类效果的 AUC 值是多少。

```
# 普通划分结果
```

```
print(paste("max AUC =", round(max(glmnet_classifier$cvm), 4)))
## [1] "max AUC = 0.8963"
# n 元划分结果
print(paste("max AUC =", round(max(glmnet_classifier2$cvm), 4)))
## [1] "max AUC = 0.8919"
```

结果表明，在测试集中普通划分的结果可能会更好（AUC 值更高）。

（4）用测试集验证

要对新的数据进行验证，首先要保证新的数据集也映射到 DTM 上。要实现这一点，需要对新的文本进行相同的预处理（如大小写的转化和单词分割），然后分别使用普通划分和 n 元划分两种方法来构造 DTM，并进行比较。具体代码如下所示。

```
it_test = itoken(test$text,
            preprocessor = tolower,  #预处理全部转为小写
            tokenizer = word_tokenizer,  #进行单词分割
            ids = test$id,
            progressbar = FALSE)


# 普通划分
vocab = create_vocabulary(it_test,
                        stopwords = unique(stop_words$word))
dtm_test = create_dtm(it_test, vectorizer)

# n 元划分
vocab = create_vocabulary(it_test,ngram = c(1L,2L),
                        stopwords = unique(stop_words$word))
dtm_test2 = create_dtm(it_test, vectorizer2)
```

而后，使用获得的模型 glmnet_classifier 和 glmnet_classifier2 对新构建的 dtm_test 和 dtm_test2 进行分别预测，并查看其效果。

```
preds = predict(glmnet_classifier, dtm_test, type = 'response')[,1]
glmnet:::auc(test$source %>% as.factor() %>% as.numeric(), preds)
## [1] 0.8881127
preds2 = predict(glmnet_classifier2, dtm_test2, type = 'response')[,1]
glmnet:::auc(test$source %>% as.factor() %>% as.numeric(), preds2)
## [1] 0.8906863
```

结果表明，在验证集中 n 元划分的效果可能会更好（其 AUC 值更高）。同时，应注意到，在做二分类的时候，R 语言会把分类变量看作 0 和 1，因此在验证中需要将其先转化为因子变量，再转化为数值变量，这样才能对 auc 进行计算。此外，在调用 auc 函数的时候，使用了 3 个冒号（"::::"），这是调用包内部函数的一种方法，这个函数能够求得 AUC 值，并且 AUC 值越高代表模型效果越好。

**5．项目小结**

本案例对英文期刊摘要内容进行了向量化，基于词袋模型构建出 DTM，并利用 DTM 来与响应变量进行拟合构建模型。可以发现，在训练集中普通划分比 n 元划分的效果更好，而在测试集中 n 元划分的效果则比普通划分更佳，这可能是由于普通划分获得的模型存在过拟合的现象。另一方面，对训练集的评估用的是多次迭代中 AUC 值的最大值而非平均值或中位数，这个统计量的选取也可能影响我们的判断。由于弹性网模型已经超出本书的范围，因此没有进行更多的解析。对这个模型感兴趣的读者，可以在 glmnet 软件包的 CRAN 文档（https://cran.r-project.org/web/packages/glmnet/index.html）中找到相关的知识点，进行更加深入的了解。

## 11.3　关键词提取案例：根据 **CRAN** 的介绍文本提取 **R** 包关键字

**1．背景简介**

CRAN 的全称是 "The Comprehensive R Archive Network"，中文译为 R 的综合文档网络，是 R 语言中最为权威的官方组织。在官网上关于 R 包更新的网址中（https://cran.r-project.org/web/packages/available_packages_by_date.html），每天都有 R 包更新的信息。通常每个在 CRAN 发布的 R 包，都会有标题（Title）和描述（Description）文档，但是却没有提供关于 R 包的关键字。因此，本项目希望根据 CRAN 官网中对 R 包的文本描述，来提取关于这些软件包的关键字，从而为 R 包的检索提供一定的帮助。此外，通过词频统计，来了解 R 包的主要功能。

**2．数据结构**

本次项目需要的数据结构非常简单，一共由 3 列构成，分别为 R 包名称（Package）、R 包题目（Title）和 R 包的详细描述文本（Description）。数据由笔者利用 RWsearch 包采集，可从笔者 GitHub 的项目主页中获取，链接地址为：https://github.com/hope-data-science/text_mining_R/blob/master/cran_pkg_text.fst。下面对这个文件进行观察。

```
library(pacman)
p_load(tidyfst,tibble)

# 请读者自行改为自己文件所在的路径
data = import_fst("tables/cran_pkg_text.fst")

data %>% as_tibble()
## # A tibble: 15,934 x 3
##    Package  Description                       Title
##    <chr>    <chr>                             <chr>
## 1 A3        "Supplies tools for tabulating and ~ Accurate, Adaptable, and Acce~
## 2 aaSEA     "Given a protein multiple sequence ~ Amino Acid Substitution Effec~
## 3 AATtools  "Compute approach bias scores using~ Reliability and Scoring Routi~
```

```
##  4 ABACUS     "A set of Shiny apps for effective ~ Apps Based Activities for Com~
##  5 abbyyR     "Get text from images of text using~ Access to Abbyy Optical Chara~
##  6 abc        "Implements several ABC algorithms ~ Tools for Approximate Bayesia~
##  7 abc.data   "Contains data which are used by fu~ Data Only: Tools for Approxim~
##  8 ABC.RAP    "It aims to identify candidate gene~ Array Based CpG Region Analys~
##  9 abcADM     "Estimate parameters of accumulated~ Fit Accumulated Damage Models~
## 10 ABCanaly~  "For a given data set, the package ~ Computed ABC Analysis
## # ... with 15,924 more rows
```

根据上述结果可知，data 是一个由 15934 行、3 列构成的数据框，所有变量都是字符型变量。

### 3．方法框架

要提取关键词的方法有很多种，具体要根据任务特点和方法效果进行筛选。下面列出 5 种常用的手段。

1）先对单词进行词性标注，然后仅提取其中的名词作为关键词。

2）利用关键词的共同出现关系来确定哪些关键词更为重要（能够跟更多关键词共同出现的关键词往往更为重要）。

3）基于 TextRank 算法来寻找关键词。

4）基于 RAKE（Rapid Automatic Keyword Extraction）算法来寻找关键词。

5）通过查找短语（名词短语/动词短语）来查找关键词。

在下一节的代码实现中，会对这些方法原理和实现细节进行相应的介绍。

### 4．代码实现

在进行不同方法框架下的关键词提取之前，要先对文本进行一个综合性处理。即首先把数据中的题目和描述部分合并为一个文本。此外，由于数据量太大，这里只取前 100 条数据进行分析，具体代码如下所示。

```
merged_data = data %>%
  unite_dt("text",  #合并后列名称为 text
          Title,Description, # 合并题目和解释两列
          sep = ". ", #合并中的间隔为一个英文句号加空格
          remove = T) %>%  #合并后删除合并前的列
  slice_dt(1:100)


# 对合并数据进行展示
merged_data %>% as_tibble
## # A tibble: 100 x 2
##    Package     text
##    <chr>       <chr>
##  1 A3          "Accurate, Adaptable, and Accessible Error Metrics for Predictiv~
##  2 aaSEA       "Amino Acid Substitution Effect Analyser. Given a protein multip~
##  3 AATtools    "Reliability and Scoring Routines for the Approach-Avoidance Tas~
```

```
##  4 ABACUS      "Apps Based Activities for Communicating and Understanding Stati~
##  5 abbyyR      "Access to Abbyy Optical Character Recognition (OCR) API. Get te~
##  6 abc         "Tools for Approximate Bayesian Computation (ABC). Implements se~
##  7 abc.data    "Data Only: Tools for Approximate Bayesian Computation (ABC). Co~
##  8 ABC.RAP     "Array Based CpG Region Analysis Pipeline. It aims to identify c~
##  9 abcADM      "Fit Accumulated Damage Models and Estimate Reliability using AB~
## 10 ABCanalysis "Computed ABC Analysis. For a given data set, the package provid~
## # ... with 90 more rows
```

然后，使用 udpipe 包来对文本进行分词和标注。

```
p_load(udpipe)
# 加载已经下载的模型，如果还没下载，可以使用 udpipe_download_model 进行下载
model = udpipe_load_model(file = "model/english-ewt-ud-2.4-190531.udpipe")

# 标注需要等待一定时间
annotated_data <- udpipe_annotate(model, x = merged_data$text) %>%
  as.data.table() %>%
  filter_dt(upos != "PUNCT") # 去掉标点
```

（1）方法一：提取名词

提取关键词最简单的方式就是直接查找名词，在提取出名词后，还需要对不同名词出现的频率进行统计，进而来观察哪些词可能比较重要。如下所示。

```
annotated_data %>%
  filter_dt(upos == "NOUN") %>%  # 筛选出名词
  count_dt(lemma) %>%  #对 lemma 列进行计数
  top_n_dt(5,n) # 提取出现频率前 5 名的词
##       lemma    n
##      <char> <int>
## 1:     data   78
## 2: function   59
## 3:    model   45
## 4:  package   43
## 5: algorithm   31
```

上面统计了 lemma 这一列，它是每个单词的词元。可以看到，出现次数最多的词为 "data" "function" "model" "package" 和 "algorithm"。这些出现频次较多的名词，就是要提取的关键词。

（2）方法二：基于共现关系提取

在上一个方法中，只能看到单个词的重要性，但是如果是由多个英文单词构成的词组，则需要提取连续的单词。在 udpipe 包中，可以使用 keywords_collocation 函数来对 n 元词进行提取。如下所示。

```
stats <- keywords_collocation(x = annotated_data,
                    term = "lemma",  # 使用词元
                    group = c("doc_id", "paragraph_id", "sentence_id"), #
分组的最小单位为句子
                    ngram_max = 3) # 最大词组长度为 3 个单词
```

提取之后，希望从中找到高频的组合。这样可以发现哪些英文词组出现的频次最多。接下来用 **top_n_dt** 函数来提取出现次数最多的 5 个词语组合。具体代码如下。

```
stats %>%
  top_n_dt(5,freq) # 提取词频前五的组合
##          keyword ngram    left  right  freq freq_left freq_right       pmi
##           <char> <num>  <char> <char> <int>     <int>      <int>    <num>
## 1:       base on     2    base     on    18        30         37 6.690432
## 2:        can be     2     can     be    26        32        154 5.070504
## 3: function for     2 function    for    15        59        119 3.766281
## 4:        of the     2      of    the    36       185        244 2.344657
## 5:        in the     2      in    the    16        96        244 2.121151
##            md       lfmd
##         <num>      <num>
## 1:  -1.776494 -10.24342
## 2:  -2.865907 -10.80232
## 3:  -4.963680 -13.69364
## 4:  -5.122269 -12.58919
## 5:  -6.515700 -15.15255
```

可以看到，提取出的都是一些常用的介词短语。显然这不是需要的关键词。因为想获取的关键词一般都在名词附近，所以可以尝试选择只包含名词和形容词的相邻词组。可以通过 **cooccurrence** 函数加以实现，该函数可以寻找特定词性词语之间的共现关系，从而找到更有意义的目标词组。具体代码如下。

```
stats <- cooccurrence(x = annotated_data$lemma,
              relevant = annotated_data$upos %in% c("NOUN", "ADJ"))

head(stats) # 查看前 6 行
##            term1      term2 cooc
## 1          data        set    6
## 2 accelerometer       data    5
## 3 discriminant   analysis    4
## 4     Bayesian    network    4
## 5         high dimensional    4
## 6         gene        set    4
```

对上面的结果进行解读可以发现，第一个词是 data，而第二个词是 set 的情况出现了 6

次（cooc 列代表共同出现的次数），是出现次数最多的词组（即"data set"出现了 6 次）。cooccurrence 函数默认只识别二元词组，如果需要进行调整，可以修改 ngram_max 参数，它可以控制词组构成的最大单词数量；另一方面，使用 n_min 参数可以控制词频最低数量，即词频少于 n_min 数值的条目就不会纳入到结果中。这里，可以使用 unite_dt 函数将两列合并到一起，形成二元词组列。如下所示。

```
merged_stats = stats %>%
  unite_dt("term",  #合并列名称命名为 term
          "term", #列名称中包含 term 的都进行合并，即 term1 和 term2
          sep = " ", #合并后，两列之间以一个空格作为间隔
          remove = T) #合并后，移除原始的合并列，即 term1 和 term2

head(merged_stats) # 查看前 6 行
##    cooc                 term
##   <int>               <char>
## 1:   6              data set
## 2:   5     accelerometer data
## 3:   4  discriminant analysis
## 4:   4       Bayesian network
## 5:   4        high dimensional
## 6:   4              gene set
```

如结果所示，得到了出现频次最多的名词、形容词构成的英文词组。其中，cooc 列是这个词组出现的次数，而 term 则是词组的文本字符。

（3）方法三：基于 TextRank 算法提取

TextRank 是一种基于图结构的排序算法，把 Google 提出的 PageRank 算法应用到了文本数据挖掘中来，通过构建单词网络来观察单词的邻接关系。例如，只希望观察名词和形容词，那么可以利用 textrank 包的 textrank_keywords 函数进行操作。

```
p_load(textrank)

# 使用 textrank 算法对关键词进行信息提取
stats <- textrank_keywords(annotated_data$lemma,
                    relevant = annotated_data$upos %in% c("NOUN", "ADJ"),
                    ngram_max = 3,  #词组最大长度为 3
                    sep = " ")  # 单词的间隔为一个空格

# 筛选长度大于 1 且出现次数大于等于 4 的关键词
stats <- subset(stats$keywords, ngram > 1 & freq >= 4)

stats
##               keyword ngram freq
## 26           data set     2   10
```

```
## 43   approximate Bayesian   2   6
## 69 discriminant analysis    2   4
## 83          data analysis   2   4
## 87       regression model   2   4
```

结果显示，比较重要的关键词包括："data set""approximate Bayesian""discriminant analysis" "data analysis"和"regression model"。

（4）方法四：基于 RAKE 算法提取

RAKE 的全称是 Rapid Automatic Keyword Extraction，即关键词自动化快速提取。该算法会对单个词计算其词频和节点度，其中节点度的计算是依赖于共现关系（即无论 A 与 B 共同出现多少次，都只计算为 1 次，只观察 A 能与多少个不同的单词共同出现），然后把单词节点度与词频的比率作为排序的指标，对关键词的重要性进行度量。下面通过一个简单的例子加以说明。

```
stats <- keywords_rake(x = annotated_data,
                 term = "token", group = c("doc_id", "paragraph_id", "sentence_
id"), #最小分组单元为句子
                 relevant = annotated_data$upos %in% c("NOUN", "ADJ"), # 只纳
入名词和形容词
                 ngram_max = 3) # 词组最大长度为3

# 查看词频大于 3 的关键词
head(subset(stats, freq > 3))
##      keyword ngram freq      rake
## 18  data set     2    5  2.102544
## 22  adaptive     1    4  2.000000
## 32  analysis     1    5  1.391304
## 33      data     1   23  1.337838
## 36    method     1    4  1.200000
## 41 distribution   1    6  1.083333
```

通过上面结果可以观察到，虽然"data"这个单词出现了 23 次，但是由于其节点度相对较低（即与不同单词共同出现的可能性较低），因此其 rake 得分比词频仅为 5 的"analysis"更低。这说明，虽然，"data"出现的次数很多（词频高），但它总是与一些特定词同时出现（节点度相对低）。

（5）方法五：基于词性组合提取

关键词的词性都有一定的组合特征，因此可以直接利用这个特征来对关键词进行提取。要完成这个步骤，首先要使用一套标注系统，可以使用 as_phrasemachine 函数来对之前的 upos 列进行转化，重新编码为单字母的标注（A：形容词，C：协调连接，D：确定语，M：动词修饰语，N：名词或专有名词，P：介词）。其后，可以利用正则表达式来对词性组合进行识别，从而提取出目标关键词。关于如何根据自己的需求构造正则表达式，可以输入

"?keywords_phrases"进行查阅。下面，通过一个提取三元词组的例子加以说明。

```
# 新增一列，利用单个字母来对词性进行标注
annotated_data$phrase_tag <- as_phrasemachine(annotated_data$upos, type = "upos")

# 提取名词短语
stats <- keywords_phrases(x = annotated_data$phrase_tag, term = annotated_ data$token,
                    pattern = "(A|N)+N(P+D*(A|N)*N)*",
                    is_regex = TRUE, ngram_max = 3, detailed = FALSE)

# 筛选长度大于 2 的关键词词组
head(subset(stats, ngram > 2))
##                           keyword ngram freq
## 1   Approximate Bayesian Computation    3    5
## 7           Bayesian Computation ABC    3    4
## 27        adaptive rejection sampling    3    3
## 29       rejection sampling algorithm    3    3
## 33        multiple sequence alignment    3    2
## 36    Optical Character Recognition    3    2
```

通过上面的结果可知，出现次数最多的是"Approximate Bayesian Computation"这个短语，共出现了 5 次。通过这种方法，可以在没有先验知识的前提下找到特定的词语组合。

5. 项目小结

本项目给出了 5 种提取关键词的方法，它们背后的原理各不相同，因此最后输出的结果也有所差异。在实际应用中，需要根据任务进行调整。在完成关键词的识别之后，可以把这些关键词作为一个专业词典，从而定向对原始文本进行识别和提取，形成文本的标签。为 R 包打标签，可以为 R 包的分类提供依据，从而让用户更好地对自己需要的工具包进行索引。